OPUSCULES

PHYSIQUES

ET CHYMIQUES

DE M. F. FONTANA,

Physicien de S. A. R. l'Archiduc, Grand-Duc de Toscane, Directeur du Cabinet Royal de Physique & d'Histoire Naturelle de Florence, &c.

Traduits de l'Italien par M. GIBELIN, *Docteur en Médecine, Membre de la Société Médicale de Londres, &c.*

PRIX 3 livres broché.

A PARIS,

Chez NYON l'aîné, Libraire, rue du Jardinet, Quartier St-André-des-Arcs.

M. DCC. LXXXIV.

AVERTISSEMENT
DU TRADUCTEUR.

ON a cru rendre un vrai service aux Amateurs des sciences naturelles, en faisant paroître dans notre langue les Opuscules d'un des plus célebres Physiciens de l'Italie. Sa réputation si justement acquise, & le mérite des différentes pieces qui composent ce Recueil, ne nous laissent aucun doute sur le succès de notre travail. Nous n'avons cherché, dans la traduction, qu'à rendre l'original avec fidélité, sans nous permettre d'y faire le moindre changement. Nous espérons qu'on nous pardonnera les défauts du style, qui dans les sciences est la moindre chose, en faveur du soin que nous avons apporté à ne jamais manquer le sens de notre Auteur.

TABLE

Des Articles contenus dans ce Volume.

APPROBATION.

J'ai lu par ordre de Monseigneur le Garde des Sceaux, un Ouvrage intitulé : *Recueil d'Ouvrages Physiques & Chymiques par MM. Fontana & Priestley, traduits de l'Anglois & de l'Italien, par M. Gibelin, Docteur en Médecine à Aix.*

Les différentes Lettres que contient cette traduction françoise, ont pour objet de nouvelles découvertes dans les sciences naturelles. Elles assureront, sans doute, au jugement du Lecteur, un surcroît de mérite à la réputation brillante de leurs Auteurs : la fidélité du Traducteur légitimera ses droits à la reconnoissance des Physiciens, des Médecins & des Chymistes. A Paris ce 24 Août 1784.

M I S S A.

Le Privilege se trouvera au *Tome IV des Expériences sur différentes branches de la Physique par M. Priestley.*

OPUSCULES

OPUSCULES
PHYSIQUES ET CHYMIQUES.

LETTRE PREMIERE

A Monsieur le Duc de Chaulnes,
à Paris.

Florence, le 1 Avril 1783.

JE crois très-bien que M. Pilatre du Rosier,
ainsi que vous me l'avez écrit, a respiré l'air
inflammable sans tomber mort, & je crois
fermement que l'*Abbé Fontana* seroit mort
s'il eût continué de respirer cet air deux ou
trois fois de plus. Je ne vois aucune contradiction entre ces deux expériences, & je ne
trouve point du tout nécessaire la conséquence qu'en tire M. du Rosier : savoir,
que *M. Fontana s'est donc trompé en croyant*
que l'air inflammable ne peut être respiré.
Il n'y a d'erreur que dans la conséquence
de M. Pilatre, qui n'a certainement pas fait
cette expérience dans les mêmes circons-

A

tances où je la fis à Londres, quand je respirai cette espece d'air.

M. Scheele avoit respiré l'air inflammable trente fois de suite au moyen d'une vessie, plusieurs années avant M. du Rosier, & le fameux Bergman vingt fois. Je le respirai moi-même plusieurs fois à Londres sans mourir. Mais quand je voulus le respirer à poumon vuidé de toutes mes forces, je ne pus arriver à la troisieme respiration sans courir risque de la vie. Ma Dissertation rend raison de tous ces différens effets, & démontre comment ils doivent avoir lieu.

Si vous prenez la peine de lire ma Dissertation sur *les Théories des Suédois*, publiée en italien à Verone parmi d'autres Opuscules, l'année derniere, (1) vous y verrez qu'ayant soumis à un nouvel examen l'air inflammable & l'air phlogistiqué, j'ai reconnu que ces deux especes d'air sont entierement innocentes, quoiqu'elles ne soient point propres à la respiration ; en quoi elles different de l'air fixe, qui non-seulement ne peut servir à la respiration, mais qui encore est meurtrier de sa nature. J'ai établi dans

____

(1) Voyez ci-après, Lettre II.

cette occasion, que lorsqu'on vuide le poumon avec grande promptitude, quoique très-fortement, on peut respirer ces airs plus long-tems, que lorsqu'on le vuide très-lentement & par degrés ; & que quand je ne pus à Londres parvenir à la quatrieme respiration, je devois probablement avoir mis trop de tems à vuider d'air commun mes poumons : ce qui étoit cause que j'étois proche de ce terme auquel on meurt faute de l'espece d'air qui entretient la vie, c'est-à-dire, d'air commun. Je vous prie en grace de lire mon Mémoire sur *la respiration de l'air inflammable* imprimé à Londres, & ma Dissertation sur les *Théories des Suédois* dont je viens de parler, & que j'ai pris la liberté de vous envoyer à Paris. Vous trouverez qu'il ne reste aucune difficulté sur cette matiere, si ce n'est pour les personnes qui n'ont pas encore vu tout ce que j'ai publié, ou pour celles qui croient qu'on s'est trompé, lorsqu'on n'a pas obtenu les mêmes résultats dans des circonstances différentes.

Personne n'ignore qu'un animal à sang chaud meurt très-promptement dans l'air inflammable & dans l'air phlogistiqué. On ne peut donc pas dire que ces deux especes

A 2

d'air foient refpirables de leur nature, c'eſt-à-dire, propres à entretenir la vie. Rien ne feroit plus abſurde & plus faux.

Quant à l'air fixe, que M. du Roſier fait refpirer impunément, & qu'il croit bon pour la refpiration, je ne répéterai plus les expériences que j'ai déja faites pour prouver que ce fluide, non-ſeulement n'eſt pas de l'air propre à entretenir la vie, mais qu'il doit encore être regardé comme un poiſon. Tant que M. Pilatre n'aura pas appris à un oiſeau à le refpirer impunément dans un récipient, je ne croirai rien de ce qu'il dit à ce ſujet.

Mais comme il faudroit que je fiſſe une longue Diſſertation, au lieu d'une Lettre abrégée, pour développer cette matiere, j'ai cru qu'il vaudroit mieux vous envoyer une courte analyſe de quelques propoſitions fondamentales ou théorêmes tirés d'un Ouvrage que j'ai fait *ſur la refpiration*, & dans lequel je me flatte d'avoir démontré le tout dans le plus grand détail, à la faveur d'un nombre infini d'expériences.

Un moment de réflexion ſur cette analyſe vous fera voir ce que je penſe touchant la refpiration : cette fonction ſi intéreſſante pour la vie ; & jufqu'à quel point j'ai porté cette matiere qui dans le principe me paroiffoit obfcure & hypothétique. Il ne s'agit pas de moins que de déterminer les fonctions du poumon, de connoître la raifon pourquoi plufieurs efpeces d'air tuent, & d'autres entretiennent la vie ; de conftater s'il fe trouve dans le fang une furabondance de phlogiftique, ou s'il en eft privé, & s'il eft en état d'en abforber ; de favoir enfin fi outre le phlogiftique qui fort du fang pulmonaire il n'en fort pas auffi de l'air fixe.

Je fais qu'un gros Volume feroit à peine fuffifant pour mettre dans leur vrai jour tant de matieres de fi grande importance, & tel eft en effet le manufcrit de mes expériences ; mais pour le préfent, mes occupations ne me permettent pas de le rédiger. Mais le peu que je vous envoie dans cette analyfe eft affez fuivi & affez bien lié pour faire juger fans peine de ce que je penfe fur ce fujet.

PROPOSITIONS ANALYTIQUES
SUR LA RESPIRATION.

I.

IL faut pofer comme une vérité de fait,

que l'animal vivant auffi-tôt qu'il eft né, **a** befoin d'air atmofphérique pour vivre; de forte que fans cet élément la vie ne peut fubfifter.

I I.

Il **a** été déja démontré par mille expériences, que ce n'eft pas feulement au moyen de fes qualités phyfiques de pefanteur, d'élafticité, de mobilité, que l'air entretient la vie dans les animaux . . . . . puifque toutes ces qualités peuvent fe trouver dans l'air, & l'animal peut y mourir très-promptement.

I I I.

Le manque d'air atmofphérique eft donc une caufe affurée de la mort des animaux, quel que foit le méchanifme de cet effet.

I V.

L'art enfeigne à préparer ou à tirer des corps un air encore plus falubre pour les animaux que l'air atmofphérique même, & les modernes l'ont appellé *air déphlogiftiqué*.

Les Phyficiens favent préparer dix autres efpeces d'airs ou fluides conftamment élaftiques fur le mercure, dont aucune n'eft propre pour la refpiration animale ou pour entretenir la vie.

V.

L'air appellé *inflammable*, & celui qu'on appelle *phlogiftiqué*, quoique incapables d'entretenir la vie, font néanmoins deux fluides innocens en eux-mêmes, qui n'alterent ou n'attaquent aucun organe dans l'animal qui les refpire, comme on le prouve par des expériences directes.

Il fuffira pour le prouver que je rapporte un réfultat vrai dans fa généralité, & que j'ai déduit, pour le rendre certain, d'un nombre immenfe d'expériences qui me font propres. Ce réfultat confifte en ce que les animaux meurent dans l'air commun dans le même efpace de tems que les mêmes animaux mis dans une égale quantité d'un mêlange d'air commun & d'air inflammable, ou d'air commun & d'air phlogiftiqué. Les petites différences & les exceptions que fouffre la loi de ces effets n'en alterent ni le principe, ni les applications, ainfi que je le démon-trerai dans un Ouvrage à part fur la *refpi-ration animale*. Si donc ces deux fluides mobiles, élaftiques, pefans ne peuvent conferver la vie, & font cependant innocens, il faut dire que l'animal y meurt faute d'air commun, & non point par l'effet d'une caufe ou d'un principe nuifible qui leur foit inhérent.

V I.

Il n'en eft pas de même des autres fluides aëriformes, qui doivent être confidérés comme des fubftances nuifibles & meurtrieres en elles-mêmes quand l'animal veut les refpirer ; de forte que les animaux qui les refpirent ne meurent pas feulement parce qu'elles ne font pas de l'air atmofphérique, mais encore parce qu'elles vont jufqu'à altérer les organes de la vie.

V I I.

L'air fixe même, qui mêlé avec l'air atmofphérique en certaines proportions peut être impunément refpiré par les animaux, eft meurtrier de fa nature, & on doit le confidérer comme un poifon qui attaque le principe de la vie dans les animaux. Mille expériences m'ont démontré cette nouvelle vérité.

Ce n'eft pas ici le lieu d'en parler ; mais il fuffira pour l'intelligence des Lecteurs, de remarquer que ſi l'on mêle plus ou moins d'air fixe avec l'air déphlogiſtiqué, l'animal ſouffre viſiblement, & peut perdre tous les mouvemens volontaires au point qu'on le croiroit mort & comme frappé d'une forte apoplexie. Mais malgré cela il continue à vivre très-long-tems, & même pendant un grand nombre d'heures : le mouvement du cœur & la reſpiration ſubſiſtant toujours, quoique très-altérés ; enſorte qu'il y a fort peu de différence entre l'animal qui meurt dans l'air déphlogiſtiqué pur, & celui qui meurt dans l'air déphlogiſtiqué mêlé avec l'air fixe, relativement à la durée de leur vie, quoiqu'il ſoit toujours vrai que dans ce cas l'air fixe produit, comme je l'ai dit, les plus grands dérangemens dans l'économie des mouvemens animaux. On obtient les mêmes réſultats en faiſant mourir ſucceſſivement pluſieurs animaux dans l'air déphlogiſtiqué. Les derniers, au moment où ils commencent à reſpirer cet air déja altéré par les premiers, tombent ſur leur poitrine privés de mouvement, quoique cet air ſoit encore beaucoup meilleur que l'air atmoſphérique, ainſi que je l'ai reconnu au moyen de mon nouvel *Evaërometre*, toutes les fois que j'ai répété cette expérience ; & c'eſt précifément par cette raiſon, que les animaux continuent d'y vivre pendant ſi long-tems.

V I I I.

Les autres airs tuent ou laiſſent périr l'animal, non-ſeulement parce qu'ils ne ſont pas de l'air atmoſphérique, mais encore parce qu'à meſure qu'ils ſont reſpirés par les animaux, ils ſe décompoſent en principes meurtriers de leur nature, & en vrais poiſons ; & alors comme tels ils attaquent ou alterent les organes de la vie ; enſorte que ſi ces mêmes principes étoient unis avec l'air atmoſphérique, les animaux périroient tôt ou tard dans cet air.

I X.

Il reſte maintenant à ſavoir pourquoi l'on meurt dans l'air commun non renouvellé, & pourquoi l'on a beſoin de reſpirer pour vivre.

X.

Les Phyſiciens ont ſoutenu dans ces derniers tems deux différentes opinions ſur l'uſage du poumon. Les Anglois ont embraſſé l'hypotheſe qu'il ſort du poumon un principe phlogiſtique qui précipite de l'air commun l'air fixe dont il eſt en partie formé ; & ils ont cru que l'animal meurt quand le poumon ne peut plus ſe débarraſſer de ſon phlogiſtique naturel.

Les Suédois qui n'ignoroient pas l'hypotheſe Angloiſe, ont ſoutenu au contraire que le ſang ou le poumon enlevent à l'air atmoſphérique ſon phlogiſtique naturel ; & ils ont rapporté des expériences neuves & ſéduiſantes pour prouver cette opinion. Ainſi, ſuivant ces Phyſiciens, l'air atmoſphérique privé de ſon phlogiſtique naturel par le poumon devient de l'air incapable d'être reſpiré & d'entretenir la vie, préciſément par la raiſon que l'air atmoſphérique eſt, ſelon eux, de l'air chargé de phlogiſtique, & ne differe de l'air déphlogiſtiqué, qu'en ce que ce dernier en contient encore plus.

X I.

Ce conflit d'opinions ſi oppoſées entre elles m'a engagé à examiner l'une & l'autre hypotheſe ; & après beaucoup d'expériences, j'ai cru pouvoir conclure que l'opinion des Anglois n'étoit prouvée par aucune expérience directe & démonſtrative, & ne pouvoit être regardée que comme une pure hypothefe. Quant à l'opinion des Suédois, je me flatte d'avoir démontré qu'elle eft fauffe & contraire à l'expérience ; & d'avoir encore prouvé par mes propres expériences que le poumon exhale, & du phlogiftique, & de l'air fixe.

X I I.

Mais comme il paroît qu'on peut confi-dérer comme poffibles quatre cas ou hypo-thefes relativement à l'ufage du poumon & de l'air atmofphérique dans les animaux, il ne refte qu'à exclure les deux autres. Dans l'une de ces dernieres on fuppofe qu'il eft poffible qu'il fe trouve dans l'air atmofphérique un *principe vital* qui eft abforbé par le pou-mon, & qui rend l'air incapable après cette abforption d'entretenir la vie, précifément parce qu'il eft privé de ce principe qui doit conferver la vie dans l'animal. Cette hypo-thefe eft commune aux Anciens & à un très-grand nombre de Phyficiens de ces deux der-niers fiecles.

La quatrieme hypothefe confifte à fup-pofer que l'animal eft tué par le phlogif-tique qui fortant du poumon s'unit avec l'air, & le vicie. Si ce phlogiftique ou, pour mieux dire, l'air qu'il a phlogiftiqué vient à être réabforbé par le poumon, il tue l'animal dans cette hypothefe, & eft regardé comme un poifon.

XIII.

L'hypothefe du principe vital dans l'air paroît contredite par l'expérience fuivante. Si l'air commun refpiré & non renouvellé, ou autrement altéré de quelque maniere que ce foit par des fubftances phlogiftiques, eft agité pendant quelque tems dans l'eau même diftillée, il redevient de l'air bon pour la refpiration. S'il y avoit un principe de vie dans l'air atmofphérique; fi ce principe étoit abforbé par le poumon, l'air ne pourroit plus fervir à la refpiration, & cependant il y fert très-bien, & l'on peut le rendre refpirable, tant qu'il en exifte un peu. Il faut donc ou que ce prétendu principe n'exifte pas dans l'air atmofphérique, ou qu'il fe trouve également répandu dans l'eau. Et de cette maniere pour foutenir une hypothefe qui n'eft appuyée fur aucun fait, il faudra en imaginer d'autres : ce que la Phyfique moderne ne fauroit admettre.

XIV.

La quatrieme hypothefe tombe d'elle-même après ce que nous avons dit de l'air phlogiftiqué. Le phlogiftique pulmonaire ne produit d'autre effet fur l'air atmofphérique que de le rendre phlogiftiqué. Mais on a vu que l'air phlogiftiqué eft innocent en foi & n'a aucune qualité vénéneufe ; qu'il ne peut donc pas tuer en vertu d'aucun principe déletere qui lui foit inhérent, mais qu'il laiffe périr l'animal faute d'air atmofphérique.

X V.

S'il reftoit à favoir pourquoi l'air non renouvellé n'entretient pas la vie, on peut maintenant répondre que cela arrive parce que cet air en paffant par le poumon fe mêle avec l'air fixe pulmonaire & avec le phlogiftique du poumon, & que ce phlogiftique précipite l'air fixe de l'atmofphere, ou qu'il le forme, comme cela me paroît plus probable.

X V I.

Le fait eft que quand on a laiffé mourir un animal dans l'air atmofphérique non renouvellé, cet air fe trouve chargé de phlogiftique & d'air fixe ; c'eft-à-dire, fe trouve un compofé d'air phlogiftiqué & d'air fixe. L'on a vu ci-deffus que l'air phlogiftiqué ne peut entretenir la vie, quoiqu'il foit innocent en foi ; & que d'un autre côté l'air fixe ne laiffe pas vivre l'animal, & parce que cet air n'eft pas de l'air atmofphérique, & parce que de fa nature il eft malfaifant & vénéneux.

XVII.

L'animal meurt donc dans l'air non renouvellé par ces deux caufes, l'une négative & l'autre pofitive : la premiere opere par défaut d'air atmofphérique, l'autre par le contact d'un principe vénéneux avec le poumon.

XVIII.

Comme le phlogiftique pulmonaire parviendroit à tuer l'animal lors même qu'on enleveroit l'air fixe de l'air refpiré à mefure qu'il fe forme, il refte à favoir comment & pourquoi le phlogiftique rend l'air incapable d'entretenir la vie animale.

XIX.

Cette queftion paroît en fuppofer une autre, qui confifte à favoir à quoi fert la respiration dans l'animal, & pourquoi elle lui est nécessaire. Nous ne dirons rien ici de tant d'hypothèses imaginées par les Physiciens pour répondre à cette question, car il vaut mieux les ignorer que de les connoître. Une opinion qui ne mérite pas non plus d'être réfutée, est celle des personnes qui ont cru que le sang ne circule plus dans les plus petits vaisseaux pulmonaires quand les inspirations ne sont pas suivies d'expirations ; car le sang ne se meut jamais plus facilement dans les vaisseaux du poumon que quand le poumon est gonflé d'air, comme le démontrent les injections. Cette hypothese de l'arrêt du sang pulmonaire est donc aussi fausse que les autres.

X X.

C'est une vérité démontrée par mes expériences, que le sang est imprégné de phlogistique ; que celui-ci se dégage à travers le poumon, & qu'il s'unit à l'air atmosphérique avec lequel il a la plus grande affinité. C'est une autre vérité de fait, que cette affinité entre le phlogistique & l'air étant détruite, le poumon ne peut plus se débarrasser de son phlogistique naturel ; delà le phlogistique phlogiftique s'accumule dans l'animal quand il eft forcé de refpirer *l'air inflammable, l'air phlogiftiqué, l'air atmofphérique non renouvellé,* parce que ce font des airs déja faturés du phlogiftique même. L'on n'admettra pas non plus l'hypothefe de ceux qui croient que l'air commun non renouvellé tue parce que l'animal eft obligé de le réabforber lorfqu'il eft altéré par le phlogiftique des poumons, après ce que nous avons établi, que l'air phlogiftiqué eft de l'air innocent en foi & incapable de tuer.

X X I.

La refpiration de l'air atmofphérique fert donc dans l'animal à débarraffer le poumon ou le fang du phlogiftique fuperflu dont ils pourroient être furchargés.

X X I I.

Mais encore, après tout cela, il refte à favoir pourquoi le phlogiftique qui fe trouve trop abondamment dans le fang, donne la mort. J'avoue que je n'ai encore aucune preuve directe, aucune expérience décifive; fi cependant il eft permis de dire fon fentiment, j'inclinerois à croire que le phlo-

giſtique diminue le principe de l'irritabilité
dans les muſcles , au point de les rendre
engourdis & incapables de continuer leurs
fonctions néceſſaires à la vie.

X X I I I.

Les raiſons plauſibles de mon opinion
ſont 1°. Que l'air fixe tue en ôtant l'irritabilité muſculaire : & l'on ſait que cet air n'a
point d'affinité avec le phlogiſtique. 2°. Que
l'air le plus avide du phlogiſtique comme l'air
déphlogiſtiqué , eſt celui qui entretient le
plus long-tems l'irritabilité des muſcles, ainſi
qu'il me conſte par mes propres expériences.
3°. Que les animaux à ſang froid ſont en
général beaucoup plus irritables que les animaux à ſang chaud , & l'on ſait que les animaux froids exhalent moins de phlogiſtique
pulmonaire que ceux à ſang chaud.

X X I V.

Il paroît donc que c'eſt un beſoin dans
l'animal d'évacuer par les voies pulmonaires ce ſurplus de phlogiſtique qui ſe trouve
dans ſes humeurs, & qui , accumulé à une
doſe exceſſive , altere & attaque l'irritabilité
de la fibre muſculaire , ſource & principe
de la vie animale. Mais enſuite comment

cela arrive-t-il , & par quel mécanifme ou principe cet effet eft-il produit ? Je dois avouer que je l'ignore ; & peut-être l'ignorera-t-on toujours, parce que cela tient, ce me femble, non-feulement à quelque chofe de très-occulte, comme l'eft la nature du phlogiftique & de l'irritabilité, mais encore au principe de la vie animale elle-même.

X X V.

Nous avons donc trouvé pourquoi certains airs factices font incapables d'entretenir la vie, & pourquoi d'autres tuent directement les animaux.

X X V I.

Nous avons vu que l'air *fixe* tue les animaux à la maniere des poifons, & qu'au contraire l'air *phlogiftiqué* & l'air *inflammable* font des fluides innocens, & doivent être feulement regardés comme n'étant pas de l'air refpirable.

X X V I I.

Nous avons dit que l'animal eft dans un befoin continuel de fe décharger de fon phlogiftique fuperflu par le moyen du poumon.

B 2

XXVIII.

Nous avons conjecturé que le trop de phlogiftique retenu dans le fang diminue ou détruit l'irritabilité animale, & delà nous avons déduit la caufe de la mort. On peut dire encore avec certitude que l'air *déphlogiftiqué* eft fi falubre pour les animaux, que même uni avec un très-puiffant poifon, tel que l'air fixe, il peut entretenir en vie un animal qui a perdu la faculté de fe mouvoir & de contracter fes mufcles : ce qu'il fait certainement au moyen de la très-grande affinité qui fe trouve entre le phlogiftique pulmonaire & l'air déphlogiftiqué. Cet air facilitant le dégagement du phlogiftique des poumons, l'irritabilité s'augmente dans l'animal, au point qu'il peut réfifter même contre l'air fixe qui tendroit à la détruire.

XXIX.

Ces vérités maintenant prouvées étoient auparavant ou ignorées, ou fimplement fuppofées par les Auteurs. Elles établiffent & mettent hors de doute le véritable ufage du poumon, l'un des vifceres les plus effentiels à la vie. Il n'eft pas difficile de dire enfuite

comment le sang veineux se charge de phlogistique. Le sang artériel a déja perdu dans
le poumon une partie de son phlogistique
naturel par le contact de l'air extérieur ; en
circulant après cela dans les arteres & dans
les veines, il doit l'attirer du tissu cellulaire
& de la graisse : substances toujours hui-
leuses & riches de ce principe. Il se charge
encore de tout le phlogistique qui lui est
apporté directement dans le chile par les
alimens qui en font très-remplis ; ensorte
que le sang en arrivant au poumon doit
regorger de ce principe. Il ne faut pas croire
qu'il s'exhale une grande quantité de phlogistique par le moyen de la transpiration
cutanée ; à peine peut-on prouver qu'il s'en
exhale vraiment quelque quantité sensible ;
mes propres expériences, que je ne crois
pas sujettes à erreur, m'obligent à regarder
comme fausses & incertaines les hypothefes & les expériences que d'autres Physiciens ont rapportées fur ce sujet.

LETTRE II.

Ecrite à M. Adolphe Murray,
Professeur d'Anatomie à Upsal.

Le 20 Octobre 1781.

LE second Volume des Opuscules Chymiques du Chevalier Bergman m'est parvenu ces jours derniers. Je l'ai lu avec le même transport que j'avois éprouvé à la lecture du premier Volume. Ces Opuscules m'ont paru également dignes de la grande réputation que ce célebre Chymiste s'est acquise à si juste titre. Presque tout ce qui sort de la plume de ce grand homme est original. Le choix des expériences égale la sagacité qu'il apporte à les faire, ainsi que l'exactitude dans les conséquences qu'il en tire. On pourroit dire de lui pour la chymie, ce que disoit Cicéron de la latinité de César: *Ineptis gratum fortasse fecit . . . . . . sanos quidem homines à scribendo deterruit.* Il n'étoit pas seulement original & excellent Ecrivain, il étoit inimitable.

Mais parmi les belles & nombreuses vérités que nous enseigne cet homme illustre,

je trouve trois objets importans qui méri-
teroient d'être examinés dans le plus grand
détail. *Le premier* concerne la théorie de la
chaleur & de la formation de l'air déphlogiftiqué, avec laquelle il explique la révivification des chaux métalliques. *Le second*, la
déphlogiftication du fang par les airs refpirables ; & *le troifieme*, l'air fixe de l'atmofphere ou de l'air commun. Il y a plufieurs
années que je travaille fur les mêmes matieres ; mais le tems & mes occupations ne
m'ont pas permis jufqu'ici de publier mes
expériences qui font très-nombreufes. Je ne
fuis pas même encore en état de les mettre
au jour, du moins de quelque tems.

Permettez-moi cependant de détacher de
mon ouvrage & de vous adreffer les obfervations que j'ai faites fur les trois articles
ci-deffus ; vous pouvez librement les communiquer, fi vous le trouvez bon, à l'illuftre
Chymifte Suédois, que je juge votre ami,
d'après ce qu'il dit, dans ce même Volume,
de votre mérite & de votre favoir. Je puis
vous affurer que je n'ai autre chofe en vue
que d'être éclairé fi je fuis dans l'erreur, &
de voir les nouvelles Théories établies fur
des raifons folides & inconteftables. J'ai

tout lieu de l'efpérer de la franchife & des lumieres d'un Phyficien tel que le Chevalier Bergman. Si mes expériences font capables de faire quelqu'impreffion fur fon efprit, perfonne n'eft mieux en état que lui de nous donner une théorie plus vraie, & des principes plus certains, pour l'avantage de la chymie & de la phyfique : unique but de quiconque aime la vérité.

Les nouvelles opinions de l'illuftre Chymifte Suédois font au fond les mêmes que celles du célebre Scheele, que l'on peut appeller l'inventeur des acides modernes. Mais le premier a mieux ordonné le fyftême, il le développe davantage & l'appuie par des raifons & des expériences nouvelles. Ces opinions méritent un examen particulier. Il s'agit de l'ufage le plus important du poumon ; de l'air, principe fi néceffaire à la vie ; enfin des fonctions les plus effentielles dans l'économie animale.

D'un autre côté, elles ont pour objet les opérations les plus délicates de la chymie : favoir, la nature & la formation des airs que l'eau n'abforbe point, & la révivification des chaux métalliques : ce qui tient à toute la chymie.

Le nouveau fyftême renverfe toutes les idées reçues jufqu'ici ; il eft fubtilement lié avec les faits & avec les expériences les plus propres à féduire ; je ne fuis donc point du tout étonné que les deux célebres Chymiftes qui l'ont imaginé le foutiennent dans leurs ouvrages, & qu'ils faffent des profélytes, même chez les étrangers.

PREMIERE PARTIE.

M. Bergman prouve par différentes expériences & par des raifonnemens, que la phlogiftication de l'air n'a pas lieu dans le poumon, mais qu'au contraire ce vifcere abforbe le phlogiftique de l'air qui s'y introduit par la refpiration, & qu'après cette fonction cet air eft privé de phlogiftique : opinion contraire à celle de tous les autres Phyficiens modernes qui croient qu'il en eft chargé.

Il prouve fa Théorie par les raifons fuivantes qui méritent un examen particulier. Il a trouvé par expérience que l'air refpiré par les animaux dans les vaiffeaux fermés n'étoit point diminué. Quant au $\frac{1}{500}$ qui a manqué de l'air dans lequel il a laiffé mourir une fouris, il faut attribuer ce *deficit* à la chaleur de l'animal qui doit, felon lui, avoir fait fortir cet air du vaiffeau où il étoit fur le mercure, lorfque cet animal y a été introduit. On fait que le phlogiftique diminue les airs refpirables : d'où il conclud qu'il eft faux que le phlogiftique forte du poumon pour s'unir à l'air commun.

M. Bergman, après avoir ainfi établi qu'il ne fe dégage point de phlogiftique du poumon dans la refpiration, cherche à prouver d'un autre côté, que la bonté de l'air dans lequel on laiffe éteindre une bougie n'eft pas fenfiblement altérée, quoiqu'il foit beaucoup diminué par le phlogiftique forti de la bougie, lequel fe mêlant avec l'air & formant ainfi la chaleur, fort à travers les pores du verre ; enforte que l'air pur fort alors du vaiffeau conjointement avec le phlogiftique fous la forme de chaleur ; & par cette raifon feule l'air fe trouve diminué dans ce vaiffeau. Un animal vit enfuite dans cet air prefqu'auffi-bien que dans l'air commun d'auparavant.

Mais il tire encore une preuve plus forte parce qu'elle eft plus directe, d'une belle expérience qui lui eft particuliere & qui mérite toute l'attention des Phyficiens. Cet habile Chymiste a agité du sang avec de l'air commun dans un vaisseau plongé dans le mercure, & il a trouvé que l'air n'étoit point diminué, quoiqu'une bougie ne pût ensuite plus brûler dans cet air. Le phlogistique, dit-il, ne se dégage donc point du sang, mais c'est plutôt le sang qui en absorbe ; & par cette raison, l'air se trouve détérioré, c'est-à-dire, privé de phlogistique.

Enfin il rapporte une expérience de *Scheele* sur l'air inflammable, qu'il a répétée & suivant laquelle l'homme peut respirer vingt fois & plus l'air inflammable contenu dans une vessie ; après quoi cet air n'est plus ni inflammable ni propre à entretenir la lumiere d'une bougie : ce qui démontre, selon ces deux célebres Chymistes, que le poumon a dépouillé cet air de son phlogistique naturel, bien loin de lui en avoir donné.

Au premier argument, je puis opposer 668 expériences, dont 37 ont été faites sur des souris, 452 sur de petits oiseaux, & 179 sur de petits cochons d'inde & de très-petits lapins. Le résultat de toutes les expériences sur les souris est qu'elles ont toutes diminué l'air commun renfermé par le mercure dans les vaiſſeaux où elles ſont mortes, & que la diminution a été de $\frac{1}{30}$ à $\frac{1}{23}$ du total. La quantité d'air commun que j'employois, étoit de douze pouces. Sept oiſeaux ont un peu augmenté l'air; deux autres ne l'ont ni augmenté ni diminué; & tous les autres l'ont diminué de $\frac{1}{30}$ à $\frac{1}{12}$ environ. Cinq cochons d'inde, ainſi que trois lapins, ont un peu augmenté l'air; tous les autres l'ont diminué de $\frac{1}{27}$ à $\frac{1}{9}$ environ. J'ai obſervé qu'en général les airs ſont d'autant plus diminués, que les animaux les ont reſpirés plus long-tems. Dans l'air déphlogiſtiqué, la diminution eſt beaucoup plus grande; elle peut aller juſqu'à un quart de la quantité primitive, & même au-delà. Je ne parle pas de l'air fixe qui s'eſt formé dans ces expériences, & dont la quantité ſurpaſſe celle de l'air diminué, ſur-tout dans l'air déphlogiſtiqué.

Il ne doit pas paroître étonnant que dans quelques cas particuliers l'air ſe trouve plutôt augmenté que diminué, parce que quand on enferme l'animal, il a de l'air dans ſes poumons; & s'il arrive qu'on le couvre au moment de l'inſpiration, il doit en avoir encore davantage. Cet air du poumon peut, fuivant les différentes circonftances où fe trouve l'animal, fortir plus ou moins de ce vifcere après la mort, & fe mêlant avec l'air qui refte dans le vaiffeau, fuppléer à la diminution occafionnée par le phlogiftique du poumon, & faire même paroître l'air augmenté. Il faut encore avoir égard à l'air qui s'attache aux poils des animaux, aux plumes des oifeaux, & qu'on ne parvient pas toujours à en détacher entierement, lors même qu'on les fait paffer à travers le mercure pour les introduire dans les vaiffeaux, fuivant la méthode que j'obferve. Ce défaut d'attention peut très-bien avoir induit en erreur les Phyficiens Suédois qui n'ont pas employé cette méthode, du moins autant qu'on peut en juger par leurs écrits. D'un autre côté, fi l'on fait ces expériences fur l'eau au lieu de les faire fur le mercure', la diminution paroît encore plus grande, à raifon de l'air fixe qui eft alors abforbé par l'eau. Il ne paroît donc pas poffible de douter, après le grand-nombre d'expériences que j'ai faites fur les airs refpirables dans lefquels on laiffe mourir les animaux, qu'il n'y ait une diminution réelle, & que par conféquent il ne fe dégage du phlogiftique des poumons. C’eft la réponfe à la premiere difficulté.

Je trouve dans mes notes un grand nombre d’expériences relatives à l’air commun dans lequel on laiffe éteindre une lumiere. De toutes ces expériences il fuffira d’en rapporter une qui, moyennant les précautions que j’ai prifes, me paroît décifive. Elle offre le réfultat moyen de toutes les autres qui n’en different en aucune maniere : & cette expérience collective fervira de réponfe à la feconde difficulté.

J’ai fait percer un petit trou à l’extrémité fermée d’un cylindre de cryftal long de 8 pouces fur 2 de diametre. J’ai lié fortement à cette extrémité fupérieure où étoit le trou, une veffie, de maniere qu’en foufflant par le côté oppofé & ouvert du cylindre, on pouvoit faire entrer de 8 à 10 pouces d’air dans la veffie. Une très-petite bougie furnageoit debout fur une grande cuvette de mercure. La petite bougie n’étoit compofée que de cinq fils très-fins, l’un defquels étoit un peu éloigné des autres, afin que la flamme fût à peine fenfible dans le commencement & ne fe communiquât pas aux autres fur le champ. J’ai allumé ce fil avec un autre fi délié, qu'à peine la flamme étoit fenfible, & je l'ai fait avec promptitude. Au même inftant j'ai couvert la bougie avec le cylindre, que j'ai enfoncé de quelques pouces dans le mercure. Alors la veffie, qui auparavant étoit vuide & comprimée fur le trou du cylindre, s'eft gonflée & diftendue : la bougie s'eft entierement allumée, & il n'eft point forti d'air du cylindre de tout le tems qu'elle a brûlé. Quand tout a été refroidi j'ai mefuré l'air du cylindre, & je l'ai trouvé diminué de $\frac{1}{30}$, ou un peu moins. Cet air agité avec l'eau a diminué encore de $\frac{1}{40}$. Éprouvé alors avec l'air nitreux, il donnoit 135, tandis que l'air commun donnoit 110. J'ai mis un Pinfon dans huit pouces cubiques de cet air, & il y a vécu cinq minutes & demie. J'ai mis un oifeau pareil dans le même volume d'air commun pour comparaifon ; il y a vécu fept minutes.

Quand on voudroit fuppofer que par l'action du feu il doit fe perdre un peu d'air tandis qu'on couvre la bougie allumée, peut-être faudroit-il (ce que je ne penfe pas) diminuer un peu le $\frac{1}{30}$ & le réduire à $\frac{1}{40}$, ou un peu moins ; mais dans toutes

les hypothefes qu'on pourra imaginer, il
fera toujours vrai que la diminution eft très-
peu confidérable ; ainfi l'on ne doit pas s'é-
tonner que l'air foit fi peu vicié, & qu'en
cet état les animaux puiffent encore le refpirer. La très-petite quantité d'air fixe qui
fe forme dans ce procédé nous fournit une
nouvelle preuve qu'il fe dégage bien peu de
phlogiftique de la bougie, & que par conféquent l'air renfermé ne doit être que bien
peu détérioré. Je trouve dans cette occafion,
comme dans toutes les autres, que l'air eft
altéré en proportion de ce qu'il eft diminué.

Il eft vrai qu'une lumiere s'éteint dans
cet air, & qu'un animal continue d'y vivre;
mais, fi je ne me trompe, cela ne prouve
autre chofe, finon qu'un animal peut vivre
dans un air dans lequel une bougie ne peut
brûler ; & qu'un air infecté eft plus nuifible
à la flamme qu'à la vie animale. Ainfi je
penfe que tout ce qu'on peut en conclure,
c'eft que la vie des animaux n'eft pas une
flamme ou une bougie allumée, & que la
vie eft plus tenace que la flamme.

Il eft très-probable que les illuftres Chymiftes Suédois n'ont pas employé comme
moi

moi la méthode de la veſſie , ni aucun autre procédé analogue ; mais qu'ils ont couvert d'un récipient une bougie probablement beaucoup plus grande que la mienne, & déja bien allumée. Dans ce cas la diminution eſt beaucoup plus grande , à cauſe de la chaleur qui raréfie l'air avant qu'on le couvre du récipient , & il en ſort encore davantage par deſſous les bords quand on ſe ſert de petits récipiens , dans leſquels la diminution va juſqu'à $\frac{1}{4}$.

 Je ne dois craindre d'avoir commis aucune erreur dans cette expérience , moyennant la méthode que j'ai employée , & qui écarte toutes les difficultés & circonſtances capables de la rendre équivoque. D'ailleurs cette expérience eſt abſolument conforme à un grand nombre d'autres que j'ai faites dans les mêmes circonſtances.

Pour répondre à la troiſieme difficulté qui conſiſte en ce que le ſang ne diminue pas les airs ſains, je rapporterai ici en peu de lignes les réſultats de quatre expériences qui paroiſſent ſans réplique. J'ai introduit quatre pouces cubiques d'air déphlogiſtiqué dans un vaiſſeau de verre rempli de mercure , à travers le mercure même de la

C

cuvette fur laquelle ce vaiſſeau étoit ren-
verſé. Le mercure & le vaiſſeau avoient
d'abord été échauffés au degré de chaleur
du ſang humain. J'ai rempli une bouteille
échauffée, de la contenance d'une livre
d'eau, avec du ſang tout chaud, qui ſortoit
en torrens des carotides d'un mouton. Je
l'en ai remplie de maniere qu'ayant bouché
ſon orifice avec mon doigt, il ne paroiſſoit
aucune bulle d'air dans la bouteille ni dans
le ſang, & je l'ai introduite ſur le champ à
travers le mercure dans le vaiſſeau où étoit
l'air déphlogiſtiqué. J'ai alors agité ce vaiſſeau ſur le mercure pendant trois minutes,
& l'ayant tranſporté ſur l'eau, j'en ai fait
ſortir tout l'air en très-petites bulles qui ne
ſe réuniſſoient qu'avec peine. Dès qu'il n'a
plus paru de bulles, j'ai meſuré l'air & je l'ai
trouvé exactement diminué de $\frac{1}{4}$. J'ai examiné, ſuivant ma méthode, la bonté de cet
air avec mon *Evaërometre* (1), & j'ai trouvé
qu'il donnoit avec l'air nitreux récemment
tiré du mercure, 70, 32, 66, 166, au lieu

---

(1) Mon ami M. Ingenhouſz a décrit cet inſtrument & la maniere de s'en ſervir dans ſon admirable Ouvrage intitulé : *Expériences & Obſervations ſur les végétaux.*

qu'avant d'être agité avec le fang il donnoit 70, 35, 23, 123. Il étoit donc fenfiblement vicié, & en même-tems diminué.

J'ai répété cette expérience avec les mêmes circonftances ; mais au lieu d'agiter le vaiffeau, j'ai fimplement laiffé le fang en contact avec l'air pendant trois minutes. Ayant enfuite retiré l'air comme ci-deffus, j'ai trouvé qu'il n'étoit pas fenfiblement diminué ; & il a donné avec l'air nitreux 70, 32, 40, 120. Il étoit donc un peu vicié, quoiqu'il ne fût pas fenfiblement diminué, ou qu'il ne le fût qu'infiniment peu ; mais il étoit beaucoup meilleur que celui de la premiere expérience, qui avoit été agité avec le fang.

J'ai voulu faire deux autres expériences dans les mêmes circonftances que les deux précédentes, mais avec l'air commun. Dans la premiere, j'ai agité l'air commun avec le fang pendant trois minutes ; & j'ai trouvé que cet air étoit diminué de $\frac{1}{7}$, & qu'avec l'air nitreux il donnoit 126, tandis qu'avant d'être agité avec le fang l'air commun ne donnoit que 111. Cet air étoit donc diminué & en même-tems détérioré.

Dans la feconde expérience, j'ai laiffé le

sang en contact avec l'air pendant trois minutes, mais sans l'agiter. Je l'ai retiré, & n'ai pas trouvé qu'il fût diminué ; il étoit plutôt un peu augmenté, peut-être d'une bulle ou deux. Avec l'air nitreux il donnoit 111. Cet air n'étoit donc ni diminué ni détérioré.

Ces quatre expériences démontrent clairement, si je ne me trompe, que le sang peut très-bien diminuer & détériorer les airs respirables. Il est vrai que dans la quatrieme experience il n'a produit aucun de ces effets sur l'air commun ; mais il faut observer que cet air n'est resté que trois minutes en contact avec le sang ; que les deux fluides n'ont pas été agités ensemble, & qu'ainsi ils ne se touchoient que par deux couches légeres. En effet lorsque dans la troisieme expérience ils ont été agités, l'air a été diminué & détérioré : ce qui forme une démonstration complette. On ne doit pas trouver extraordinaire que dans la seconde expérience l'air déphlogistiqué ait été vicié sans être sensiblement diminué, par la raison que l'échelle dont je me sers pour mesurer avec mon Evaërometre & selon ma méthode, la bonté de l'air, est beaucoup plus sensible qu'aucune méthode que je puisse employer pour mesurer la diminution de l'air occasionnée par le phlogistique. Enfin quand l'air déphlogistiqué & le sang ont été agités ensemble, cet air a été plus diminué & plus vicié : ce qui s'accorde parfaitement avec tous les effets que produit le phlogistique sur les airs respirables & sur l'air le plus pur. Je n'imagine pas d'expériences qui approchent plus de l'état naturel du sang qui passe par le poumon dans l'animal vivant, que celles que je viens de rapporter. Le sang n'étoit que deux secondes, ou peu davantage, à passer des vaisseaux de l'animal dans le mercure. Il conservoit sa chaleur naturelle pendant les trois minutes qu'il y restoit : quand je l'agitois, je multipliois ses points de contact avec l'air, précisément comme cela se passe dans le poumon ; & il n'est pas à croire que dans le court espace de trois minutes le sang ait perdu aucune de ses qualités primitives.

On objectera peut-être que dans la respiration l'air n'est en contact avec les vésicules pulmonaires que pendant quatre ou cinq secondes & non pas vingt ou trente fois davantage, comme dans les expériences que je viens de rapporter ; & qu'ainsi l'on ne doit pas être étonné si dans ces circonstances l'air se trouve considérablement diminué & détérioré. Mais il faut observer qu'une portion de l'air qui sort du poumon dans l'expiration provient des inspirations précédentes. En second lieu, & c'est je crois la principale raison, le sang dans le poumon est divisé & subdivisé dans une infinité de vaisseaux plus petits les uns que les autres ; il présente par conséquent une surface immense à l'air inspiré, qui se divise également & se répand dans un nombre infini de vésicules pulmonaires. Ainsi les points de contact du sang & de l'air dans le poumon sont infiniment plus nombreux que ceux du sang & de l'air qu'on agite ensemble dans un vase sur le mercure. Si l'on ajoute à tout cela que le sang passe dans le poumon avec une grande vélocité, c'est une raison de plus pour juger que les effets du sang du poumon sur l'air inspiré doivent être très-considérables. Il ne doit donc pas nous paroître étrange que l'air expiré se trouve sensiblement diminué & vicié.

Il reste encore une recherche très-intéressante à faire, même après les quatre expériences sur le sang & sur l'air, que nous avons rapportées. Cette recherche peut avoir la plus grande influence dans l'économie animale & nous indiquer le véritable usage du poumon : ce viscere si nécessaire à la vie. Elle consiste à savoir s'il y a quelque nouvelle production d'air, ou quelqu'accroissement de fluide élastique, quand l'air est en contact avec le sang.

Dans les quatre expériences ci-dessus, j'ai mesuré l'air dans l'eau, & je l'y ai agité pour en séparer l'air fixe, s'il y en avoit ; mais pour procéder avec méthode, j'ai cru devoir commencer par laisser reposer dans les vases le sang & l'air, afin d'observer l'effet du sang sur l'air par le contact seul ; en même-tems j'ai cherché à mesurer l'air sur le mercure, & non sur l'eau, comme j'avois fait d'abord. Je me suis servi d'air déphlogistiqué, pour que les résultats fussent plus considérables & moins équivoques. Ces expériences exigent de la part de l'Observateur beaucoup d'habitude & de dextérité ; le sang se coagule peu après son introduction dans le vase sur le mercure, quoiqu'il soit chaud, ensorte qu'il devient difficile d'en retirer tout l'air, comme il convient pour le mesurer. Le sang coagulé sortiroit avec l'air, si on ne le divisoit pour faire sortir l'air seul. Il sort toujours un peu de sang ou de sérosité rougeâtre encore liquide, conjointement avec l'air. Après les trois minutes que dure l'expérience, j'ai coutume d'adapter un réseau de fil de fer au fond du vase où est le sang, pour empêcher la sortie des parties coagulées, & je reçois l'air dans un vase rempli de mercure & plongé dans la cuvette où est le vase qui contient le sang & l'air ; ensuite je passe sous le mercure des papiers minces qui puissent s'imbiber. Je fais ensorte d'en dégager le peu d'air qui pourroit adhérer en petites bulles sur leur surface : ce qu'operent aisément le poids du mercure, & une légere agitation de ces papiers. Je fais passer alors ces papiers dans le verre. Tout le sang & la sérosité rougeâtre sont absorbés à l'instant. Après qu'on a retiré ces papiers du verre avec la main, l'air reste sec & en état d'être mesuré.

J'ai introduit dans un vase rempli de mercure six pouces cubiques d'air déphlogistiqué, dont la bonté étoit 75, 45, 35, 125. Le mercure & le vase étoient au degré de chaleur du sang.

Après avoir échauffé la bouteille ordinaire, je l'ai remplie du fang qui couloit de
l'animal, & je l'ai fait paffer à l'inftant à travers le mercure dans le vafe où étoit l'air.
J'ai tenu le fang dans cet état pendant trois
minutes. Je l'ai retiré de la maniere que je
viens de détailler, & j'ai mefuré l'air exactement. L'air étoit augmenté de plus de $\frac{1}{7}$. Je
l'ai fait paffer fur l'eau, avec laquelle je l'ai
agité pour le dépouiller d'air fixe ; il a diminué non-feulement du cinquieme dont il
étoit augmenté, mais encore de $\frac{1}{7}$ de fa premiere quantité ; fa qualité étoit de 78, 55,
125, 255, c'eft-à-dire, très-altérée.

Cette expérience démontre que non-feulement le fang altere la bonté de l'air par le
fimple contact, & le difpofe à diminuer fur
l'eau, comme on l'a déja vu par les autres
expériences ci-deffus, mais encore qu'il
accroît le volume de l'air primitif au moins
de $\frac{1}{7}$ d'air fixe étranger, outre un autre fep-
tieme de la quantité primitive, qui fe trouve
être encore de l'air fixe.

Ces réfultats nouveaux & inattendus ont
à la vérité de quoi furprendre le Phyficien ;
mais ils font entierement conformes à beaucoup d'autres que j'ai découverts fur l'air

fixe que produifent les animaux enfermés dans des vafes remplis d'air déphlogiftiqué & pofés fur le mercure. J'ai fait ces expériences à Londres en 1778 & 1779, & à Paris avant cette époque ; & c'eft d'après cela que j'ai dit à un habile Phyficien de mes amis, M. Ingenhoufz, qu'il fe dégageoit de l'air fixe du poumon. Mon opinion fur cet objet, ainfi que fur beaucoup d'autres, a été attaquée par de fimples raifonnemens ; mais non pas comme il le falloit avec des expériences directes.

Quoique ce ne foit pas ici le lieu d'entrer dans le détail de mes expériences fur cette matiere, parce que je les réferve pour un traité particulier *fur la Refpiration des animaux* ; vous voudrez bien me permettre de rapporter un réfultat général, par lequel on pourra juger fur quel fondement j'ai permis à mon ami, M. Ingenhoufz, d'avancer ma propofition dans fes Ouvrages, & combien elle eft conforme aux conféquences que l'on doit déduire des expériences fur le fang dont je viens de parler. C'eft le réfultat de plus de cent expériences ; & il tend à démontrer qu'une partie de l'air fixe qui fe trouve dans les récipiens où on

laiffe mourir les animaux, doit être attribuée au poumon, & non pas au feul phlogiftique pulmonaire, comme on l'avoit
cru jufqu'à préfent.

Le Chevalier Landriani, célebre Profeffeur de Phyfique expérimentale à Milan,
a attaqué mon opinion fur l'air fixe qui fort
des poumons, & s'unit à l'air infpiré par les
animaux. J'examinerai en paffant, puifqu'il
m'y invite, les raifons particulieres qu'il
m'oppofe ; mais qu'on me permette de rapporter fes propres paroles, pour conferver
toute leur force aux difficultés qu'il propofe
à la page 76 de fon Ouvrage intitulé : *Opuf-
cules phyfico-chymiques*, imprimé en Italien,
à Milan 1781. Il s'exprime ainfi : « dans mes
» recherches phyfiques fur la falubrité de
» l'air, j'ai fait obferver que l'air, après
» avoir paffé par les poumons, trouble l'eau
» de chaux, rougit la teinture de tournefol ;
» en un mot, préfente tous les phénomenes
» de l'air fixe ; j'en ai conclu que cet air
» fixe eft engendré dans la refpiration par
» le phlogiftique qui, étant expiré des pou-
» mons, s'unit à l'air atmofphérique, & le
» change en air fixe, de la même maniere
» que cela arrive à l'air atmofphérique dans

» tous les autres procédés phlogiſtiques.
» Mais M. l'Abbé Fontana (du moins ainſi
» que me l'annonce mon ami M. Ingen-
» houſz) croit que cet air fixe, dont l'air
» atmoſphérique ſe trouve chargé après
» avoir paſſé par les poumons, ne provient
» point du phlogiſtique qui ſe dégage des
» poumons, & qui, s'uniſſant à l'air atmoſ-
» phérique, le change en air fixe. Il incline
» plutôt à penſer qu'il s'engendre dans nos
» corps une grande quantité d'air fixe qui
» ſort par les poumons, dans la reſpiration.
» L'opinion d'un auſſi excellent Phyſiolo-
» giſte eſt d'une trop grande autorité pour
» ne pas m'inſpirer des doutes, relativement
» à mon ſentiment ſur cet air fixe provenant
» du poumon. Mais, avant de ſouſcrire à
» ſon opinion, il faut faire réflexion que
» dans les fluides animaux, & notamment
» dans le ſang, il n'y a pas une grande quan-
» tité de cet acide méphitique que l'on ſup-
» poſe qui s'exhale des poumons ; d'ailleurs
» on ne comprend pas comment cet air
» fixe pourroit être dépoſé par les poumons
» dans l'air atmoſphérique, puiſqu'à ſup-
» poſer même qu'il exiſtât dans le ſang, il
» paroîtroit toujours étrange qu'il l'aban-

» donnât pour s'unir à l'air atmofphérique
» avec lequel il a très-peu d'affinité ; de
» plus, dès qu'il s'engendre toujours beau-
» coup d'air fixe, lorfque l'air atmofphé-
» rique fe phlogiftique, il paroîtroit plus
» naturel d'attribuer cet air fixe pulmonaire
» à la phlogiftication occafionnée par la
» refpiration, qu'à toute autre caufe, d'au-
» tant que le volume de l'air refpiré devroit
» fe trouver augmenté, au lieu d'être di-
» minué, comme il l'eft, par l'addition de
» l'air fixe qu'on fuppofe qui émane conti-
» nuellement des poumons. Mais M. l'Abbé
» Fontana répondra complettement à ces
» objections, & j'efpere de lui les éclair-
» ciffemens convenables fur cet article im-
» portant de Phyfiologie ».

M. Landriani établit ces difficultés fur ce
paffage qu'il tire de l'Ouvrage de M. Ingenhoufz. *M. l'Abbé Fontana a trouvé qu'un
animal qui refpire dans l'air commun ou
déphlogiftiqué rend cet air peu propre pour
la refpiration, parce qu'il lui communique
une portion confidérable d'air fixe qui eft
engendré dans nos corps, & rejetté hors des
poumons comme excrémentitiel.*

J'étois à Londres en 1779, lorfque je

communiquai à mon respectable ami, M. Ingenhousz, le résultat de mes diverses expériences sur la respiration des animaux : résultat qu'il inféra dans son bel Ouvrage intitulé : *Expériences & Observations sur les végétaux.*

Le résultat de mes expériences se réduisoit à prouver que tout l'air fixe qui se trouve dans l'air expiré par les animaux, n'est pas uniquement l'effet du phlogistique du poumon, mais qu'une partie de cet air fixe provient du viscere même.

Je n'ai jamais dit à M. Ingenhousz en aucun tems, en aucun lieu, que dans mes expériences, dont je lui ai fait part, il ne se formât point d'air fixe par le moyen du phlogistique du poumon ; mais j'ai dit qu'il en sort immédiatement du poumon même, & en quantité, sans déterminer si c'est le quart, le huitieme, ou plus ou moins. Le passage de mon ami, qu'a cité M. Landriani, ne dit pas autre chose. Je ne sache pas avoir jamais dit ou écrit que l'air fixe qui sort des poumons, s'engendre dans le corps ; il peut très-bien se trouver dans les alimens & dans le chyle.

Le Professeur de Milan m'objecte encore

qu'il ne fe trouve pas dans le fang une grande quantité d'air fixe ; mais quand des expériences fûres démontreroient, ce qu'il me paroît qu'on n'a pu faire encore, qu'il ne fe trouve que très-peu d'air fixe dans le fang, ou, pour mieux dire, dans le poumon, le peu qu'on accorde pourroit fuffire dans ce cas-ci, puifque, dans les expériences que j'ai faites, l'animal ne mouroit pas d'abord, mais après un tems confidérable ; & l'on fait que le fang & les autres humeurs traverfent le poumon avec une grande vélocité ; &, par le moyen du tiffu véficulaire, préfentent à l'air une furface immenfe.

L'illuftre Profeffeur m'objecte encore qu'il paroît fingulier que l'air fixe abandonne le fang pour s'unir à l'air de l'atmofphere, avec lequel il n'a que très-peu d'affinité. Cette difficulté fuppofe, fi je ne me trompe, que l'air fixe ne peut pas être dégagé des corps, en vertu de fes propres qualités, & par fes propres forces, mais feulement par une force étrangere. C'eft ce que fuppofe notre Profeffeur ; mais il n'en donne aucune preuve.

L'air fixe fe dégage des fluides dans mille cas, fans qu'il foit befoin d'aucune affinité, comme toutes les expériences le démontrent. Si les alimens, si le chyle introduisent dans la masse des humeurs une plus grande quantité d'air fixe qu'elles n'en peuvent retenir, l'air fixe sortira sans qu'il soit besoin d'affinité, lorsque ces fluides passeront par le poumon.

Une autre objection est qu'il s'engendre de l'air fixe, lorsque le phlogistique s'unit à l'air commun ; & de-là l'on veut inférer que c'est plutôt au phlogistique pulmonaire, qu'à toute autre cause, qu'il faut attribuer cet air fixe. Cette réflexion, que fait très-à-propos notre illustre Auteur, est très-raisonnable ; mais ce qui paroît le plus raisonnable n'est pas toujours le plus vrai. Mes expériences renversent tout-à-fait cette difficulté, qui n'a que de la vraisemblance; elle porteroit d'ailleurs à faux, si l'on m'imputoit d'avoir soutenu que tout l'air fixe dérive du poumon, & qu'il n'y en a point de produit par le phlogistique.

Ce Professeur m'objecte encore que le volume de l'air respiré par les animaux devroit être augmenté, au lieu d'être diminué par l'addition de l'air fixe que l'on suppose qui sort continuellement du poumon, tandis

dis que, suivant les observations, il se trouve diminué.

J'ai toujours cru que quand deux principes tendent, l'un à diminuer une quantité, l'autre à l'augmenter, trois cas différens peuvent avoir lieu, & non pas un seul, comme le suppose l'illustre Professeur de Milan. Si, par exemple, une fontaine reçoit continuellement de l'eau, & en perd aussi continuellement, l'eau de la cuvette peut ou augmenter, ou diminuer, ou bien n'augmenter ni ne diminuer. Je ne vois donc pas pourquoi il ne pourroit émaner continuellement de l'air fixe du poumon, & malgré cela, l'air inspiré se trouver diminué par le phlogistique de ce viscere.

Je finis par remarquer que l'hypothese embrassée par l'illustre Chevalier Landriani, sur la précipitation de l'air fixe de l'air commun, n'est appuyée que sur des expériences douteuses, peu concluantes, & que l'autre hypothese qu'il a adoptée sur le phlogistique qui sort du poumon, ne commence à être soutenable que depuis les expériences que j'ai opposées à la théorie de MM. Scheele & Bergman : expériences que M. Landriani ne connoissoit sûrement pas, lorsqu'il a adopté ces deux hypotheses comme des vérités de fait, & comme si elles eussent été démontrées, soit par lui, soit par d'autres.

Il paroît que depuis quelque tems le savant Professeur de Milan s'applique sérieusement à l'étude de la Physiologie, & nous lui en faisons sincerement compliment. La Physique doit espérer beaucoup de ses talens & de l'esprit de recherche & d'analyse qu'il porte sur ces objets.

Je n'aurois jamais songé à répondre à ses objections, s'il ne m'y avoit lui-même invité de la maniere la plus honnête; d'ailleurs il se plaît souvent, dans les Ouvrages qu'il publie, à honorer de ses objections mes opinions particulieres, & je lui en ai de véritables obligations, parce qu'il me donnera lieu, dès que j'aurai quelque loisir, d'entreprendre un nouvel examen de ce que j'ai publié, & de ce qu'il a pu combattre, afin de rejetter ce qui seroit faux, ou de confirmer ce qui est véritable par de nouveaux argumens & des expériences nouvelles. De cette maniere, la vérité & la science en retireront des avantages réels, & le public nous saura gré de nos recherches

respectives & de la diversité de nos opinions.

Mais revenons à l'action du poumon sur
l'air, ou, pour parler plus exactement, aux
effets du sang sur les airs respirables. On a
vu, à n'en pouvoir douter, que le simple
contact du sang avec l'air déphlogistiqué
suffit pour le détériorer, même en quelques
minutes, & que le sang fournit une grande
quantité d'air fixe à l'air déphlogistiqué ; on
sait d'ailleurs que le phlogistique en général
diminue tous les airs respirables, & les diminue d'autant plus qu'ils font meilleurs ;
c'est-à-dire, qu'il s'y trouve ensuite d'autant
plus d'air fixe, qu'ils étoient d'abord meilleurs.

Je ne doute donc point, dans le cas dont
il est question, que le phlogistique du sang
n'ait sensiblement diminué l'air déphlogistiqué. Mais comme la quantité diminuée
par le phlogistique reste inconnue, il n'est
pas possible de déterminer avec précision
celle de l'air fixe que fournit le sang, & qui
se mêle avec l'air de l'atmosphere dans mes
expériences. Nous avons trouvé que l'air
introduit sur le mercure avoit augmenté
de $\frac{1}{7}$. Ainsi l'on peut dire que l'air fixe sorti

du sang dans l'espace de trois minutes, étoit de $\frac{1}{3}$ au moins.

Ces expériences sur le sang, quelques certaines qu'elles me parussent, ne suffisoient cependant pas pour me tranquilliser. D'un côté, elles étoient en trop petit nombre; d'un autre, il restoit encore à savoir si les autres airs étoient augmentés, ou non, sur le mercure, non-seulement par le seul contact, mais encore par l'agitation avec le sang. Il me paroissoit aussi très-important, pour la Physique, de connoître les altérations que pouvoient subir avec le sang l'air phlogistiqué & l'air inflammable. J'ai donc pris le parti de faire les expériences suivantes.

La premiere a été faite sur l'air déphlogistiqué ; les doses d'air & de sang étoient les mêmes que ci-dessus. L'air déphlogistiqué dont je me suis servi donnoit avec l'air nitreux 75, 45, 35, 135. J'ai agité pendant trois minutes les deux fluides sur le mercure, & j'ai trouvé que l'air y étoit augmenté de 14 parties à 15 $\frac{1}{2}$. Cet air, agité avec l'eau, a diminué de $\frac{1}{25}$ de la premiere quantité, & l'air nitreux a donné 80, 67, 175.

Il est singulier que cet air, agité avec le

fang, ait moins augmenté que par le fimple contact. Il faut aufli faire attention qu'étant agité avec l'eau, il a été moins diminué que dans les expériences précédentes, quoiqu'en même-tems il ait été bien plus vicié.

Mais ce qu'il y a de certain, c'eft que le fang augmente la maffe de l'air déphlogiftiqué avec lequel il eft en contact, foit qu'on l'agite ou non ; que cette augmentation eft de l'air fixe, & qu'il y a une véritable diminution de l'air primitif, comme on l'obferve après l'avoir lavé dans l'eau, & l'avoir ainfi dépouillé de l'air fixe.

L'air commun, par le feul contact avec le fang fur le mercure, a augmenté en trois minutes de 14 parties à $17\frac{1}{3}$. Je l'ai agité avec l'eau, & ce qui eft refté étoit encore de $\frac{1}{14}$ plus confidérable que la quantité primitive. Avec l'air nitreux il a donné 116, tandis que l'air pris pour comparaifon donnoit 111.

J'ai répété l'expérience en agitant le fang avec l'air commun. Mais une circonftance m'a empêché d'obferver fi cet air étoit augmenté fur le mercure. Je l'ai enfuite agité avec l'eau ; il a diminué d'environ un quart. Avec l'air nitreux il donnoit 135. Il étoit donc beaucoup plus altéré que dans l'expérience précédente. Mais dans l'une & dans l'autre, il y a une production considérable d'air fixe.

J'ai éprouvé l'air inflammable qui n'étoit point diminué par l'air nitreux, & je l'ai laissé en contact avec le sang pendant trois minutes. Il a augmenté sur le mercure d'environ $\frac{1}{14}$. Agité avec l'eau, il a été sensiblement diminué, & a perdu environ $\frac{1}{20}$ de son volume primitif. Il s'est allumé avec explosion à l'approche d'une lumiere. Avec l'air nitreux il a donné 185.

J'ai répété l'expérience en agitant le sang. L'air a augmenté de 14 parties à 18 $\frac{1}{2}$. Agité ensuite avec l'eau, il s'est réduit à 14 $\frac{3}{4}$. Il a fait explosion à la lumiere, & avec l'air nitreux il a donné 165.

J'ai soumis ensuite à la même épreuve l'air phlogistiqué que l'air nitreux ne diminuoit point. Étant resté en contact avec le sang sur le mercure, il a augmenté de 14 à 15. Agité dans l'eau, il s'est réduit à un peu moins de son volume primitif. Il a éteint plusieurs fois la lumiere, & a donné avec l'air nitreux 185.

J'ai répété cette expérience en agitant le

fang, & à peine l'air y a-t-il été augmenté fur le mercure. L'agitation dans l'eau l'a diminué de près de $\frac{1}{6}$. Avec l'air nitreux il a donné 165.

Pour répondre à la quatrieme difficulté concernant l'air inflammable que l'on refpire impunément, & qui perd fon inflammabilité par la refpiration, je puis commencer par affurer à l'appui d'un nombre infini d'expériences, que l'air inflammable n'eft point dangereux à refpirer non plus que l'air phlogiftiqué, à la différence de l'air fixe, qu'on doit regarder comme un poifon, comme un fluide malfaifant capable d'altérer l'économie animale, lors même qu'il eft uni à beaucoup d'air commun, & même à une grande quantité de l'air déphlogiftiqué le plus pur, quoique dans ce cas le poumon puiffe librement fe dégager de tout fon phlogiftique. Toutes ces vérités nouvelles & beaucoup d'autres analogues font étayées d'un nombre infini d'expériences que j'ai faites à Paris fur *la refpiration* des animaux, & que j'y ai communiquées à mes amis, ainfi qu'à Londres, notamment à MM. Cavallo, Ingénhoufz & Kirwan, fans parler de M. Fabroni qui a voulu y affifter & les a vues de ses propres yeux. L'air inflammable doit donc être considéré comme n'étant pas de l'air relativement aux usages ordinaires du poumon ; ensorte que si après l'expiration il restoit encore dans le poumon 100 pouces cubiques d'air commun, on pourroit le respirer enfermé dans une vessie, & il serviroit pendant quelque tems aux fonctions ordinaires, quoiqu'un peu détérioré. L'air inflammable qui est innocent de sa nature ne peut nuire à l'air pulmonaire, ne peut empêcher le poumon d'exercer ses fonctions ordinaires, quelles qu'elles soient ; il peut même en quelque maniere être utile à l'animal, puisqu'en distribuant dans toutes les bronches & dans toutes les vésicules pulmonaires l'air commun dont, suivant notre hypothese, il y avoit cent pouces cubiques, & duquel le poumon ne se vuide jamais tout-à-fait, il peut servir à dilater & étendre les vésicules comme auparavant : ce que l'air commun seul auroit fait moins bien au détriment de l'économie animale ; car on sait que lorsque les vésicules pulmonaires sont flasques & affaissées, le sang est au moins en partie arrêté, & la circulation dans le plus grand désordre.

D'ailleurs il est certain qu'après une expiration très-forte, on ne respire l'air inflammable que pendant peu de tems, comme je l'ai fait voir dans un Mémoire que j'ai publié dans les Transactions Philosophiques, auquel on peut avoir recours. Je dois cependant avertir que quand je fis à Londres cette expérience, dans laquelle je ne pus inspirer que trois fois seulement l'air inflammable, je dus probablement mettre beaucoup de tems à faire cette violente expiration ; & peut-être encore ne fis-je les trois inspirations qu'avec lenteur, puisqu'en répétant l'expérience, j'ai trouvé des différences sensibles, & que j'ai pu respirer l'air inflammable jusqu'à six ou sept fois. Mais tout cela me persuade toujours davantage que l'air inflammable n'est pas nuisible de sa nature, & qu'on doit simplement le considérer comme n'étant pas de l'air respirable. J'ai fait les mêmes expériences en respirant l'air phlogistiqué, & les résultats ont été à-peu-près les mêmes. Ces résultats & beaucoup d'autres obtenus sur les animaux qu'on enferme sous des vases dans l'air respirable pur, ou mêlé en différentes proportions avec les airs inflammable, phlogistiqué &

fixe, démontrent l'abfurdité de beaucoup d'hypothefes imaginées par des Phyficiens de nos jours fur la mort des animaux dans les airs refpirables ou non refpirables.

Il faut encore faire réflexion que vingt refpirations fe font en beaucoup moins de deux minutes ; ainfi je ne trouve point extraordinaire qu'on puiffe refpirer impunément l'air inflammable vingt fois de fuite, puifqu'on peut à toute force retenir fa refpiration pendant environ deux minutes, même après l'expiration naturelle. J'ai fait différentes expériences fur ma propre refpiration dans les différens états du poumon, & je fuis parvenu à déterminer les réfultats fuivans, qui font beaucoup pour le fujet que nous traitons.

I. Je puis fufpendre ma refpiration pendant foixante fecondes & plus, après que le poumon a fait fon infpiration naturelle.

II. Je puis la retenir pendant quarante-huit fecondes & plus, après que le poumon a fait fon expiration naturelle.

III. Je puis la retenir pendant trente-fept fecondes & plus, après une expiration violente.

IV. Je puis la retenir foixante - cinq

fecondes & plus, fi le poumon a fait une violente infpiration.

On doit favoir qu'en une minute on ref-pire feize ou dix-huit fois ; que la plus lé-gere inquiétude peut accélerer la refpiration jufqu'à 25 ou 30 fois par minute, & d'autres fois au contraire la retarder ; que les tems ci-deffus indiqués varient fuivant les diffé-rens états de notre machine, & que les ref-pirations fe font plus lentement vers la fin.

Si dans les quatre expériences rapportées ci-deffus on fait paffer dans une veffie l'air qu'on expire, & que l'on continue à le ref-pirer ainfi, les tems que j'ai fixés changent fenfiblement, & l'on refpire pendant plus de tems.

Dans la premiere expérience on peut refpirer l'air 70 fecondes & plus.

Dans les feconde & troifieme expé-riences, on refpire auffi plus long-tems.

Dans la quatrieme on peut le refpirer jufqu'à 120 fecondes & plus.

Cette différence de tems paroît provenir du renouvellement de l'air qui fe fait dans le poumon à chaque refpiration. A chaque infpiration, l'air moins infecté de la trachée & des bronches, fe porte encore dans les véficules pulmonaires, au lieu que fans veffie & le poumon étant tranquille, l'air le plus infecté qui étoit dans les véficules pulmonaires fe détériore de plus en plus parce qu'il n'eft pas renouvellé. Joignez à cela que la chaleur de l'air, qui eft plus grande dans ce cas que lorfqu'on refpire dans la veffie, fatigue le poumon comme nous le verrons ailleurs.

Si dans la quatrieme expérience, on ne peut refpirer l'air que peu au de-là de 65 fecondes, c'eft à raifon de l'état de violence & de la diftenfion occafionnée dans tout le poumon par une trop grande maffe d'air ; mais il eft évident qu'en cet état on refpirera plus long-tems fi l'on fait ufage d'une veffie, parce que la quantité d'air eft beaucoup plus confidérable que dans les autres expériences, & qu'il ne s'en porte au poumon que la quantité ordinaire, mais toujours renouvellée.

Je fais encore réflexion que la tranfpiration infenfible ne phlogiftique pas fenfiblement l'air commun fuivant toutes mes expériences, quoiqu'on ait écrit le contraire, peut-être pour avoir fait ufage de mauvais Evaëromctres, ou pour avoir ignoré la méthode que j'emploie.

Il est vrai que dans les autres sécrétions plus grossieres, il y a du phlogistique; mais elles n'ont lieu qu'à de grands intervalles. Dans quelques cas, dans quelques animaux, elles peuvent être suspendues des jours entiers, sans qu'ils en soient du tout incommodés. Il paroît donc que le poumon est la seule voie par où puisse s'évacuer l'excédent de phlogistique, qui provient de la nourriture, & s'unit à la masse des humeurs circulantes; & l'on sait que la partie rouge du sang est très-abondante en phlogistique.

Quant à cette autre partie de la difficulté: savoir, que l'air inflammable cesse de s'enflammer après la respiration, je ne sais qu'opposer expérience à expérience. Je n'ai pas encore réussi à le dépouiller tout-à-fait de sont flammabilité, lorsque je le respirois dans des vessies à la maniere des Physiciens Suédois; moins encore quand je l'ai respiré sur l'eau, dont j'ai cru devoir faire usage pour cette expérience, les vessies me paroissant suspectes par bien des raisons dont je ne parlerai pas en ce moment. Mais il n'y a pas d'expérience plus décisive que de faire respirer aux animaux sur le mercure, l'air inflammable mêlé avec une égale quantité d'air commun. J'ai pris pour cela de petits cochons d'inde, qui ont vécu dans cet air sept, huit ou neuf minutes. La quantité d'air que j'employois étoit de douze pouces cubiques. Dans toutes les expériences que j'ai faites, j'ai trouvé que l'air s'enflammoit après avoir été respiré par ces animaux pendant autant de tems, & même jusqu'à les y laisser mourir. Je n'en vois pas de plus simple & de moins équivoque.

Je fais encore réflexion qu'il pourroit arriver qu'une lumiere s'éteignît lorsqu'on l'introduit dans un tube d'air commun & d'air inflammable qui auroit été long-tems respiré. L'air commun, fur-tout s'il eſt en certaine quantité, étant devenu de l'air phlogiſtiqué & de l'air fixe dans le poumon, empêchera la lumiere de brûler, quoiqu'il y ait de l'air inflammable dans le tube, & cela d'autant plus fûrement que le tube fera plus long & plus étroit. On fait que l'air inflammable ne brûle pas fans air commun, & que l'air fixe & l'air phlogiſtiqué éteignent les lumieres. Mais accordons cependant aux deux célebres Phyſiciens Suédois, que l'air inflammable ceſſe de l'être après avoir été respiré, qu'il perd son phlogistique & le communique aux poumons; il ne s'ensuivra pas nécessairement que le poumon absorbe le phlogistique de l'air commun, de l'air déphlogistiqué. L'air inflammable qui abonde certainement en phlogistique, se trouve obligé pendant long-tems de glisser sur un nombre infini des plus petits vaisseaux sanguins du poumon. Mais je ne crois pas impossible que si l'air commun reçoit du phlogistique d'une substance qui en a davantage, comme est le sang par rapport à l'air commun, l'air inflammable n'en puisse donner au contraire au sang qui peut en avoir moins. L'air commun peut donc se charger de phlogistique dans le poumon, & l'air inflammable y en perdre, & ce ne seroit pas une raison pour croire que le poumon absorbe le phlogistique de l'air atmosphérique, quand même il absorberoit celui de l'air inflammable. Telles sont les remarques que j'ai cru pouvoir faire relativement aux belles expériences des deux fameux Chymistes Suédois sur la déphlogistication de l'air dans le poumon.

On pourroit ici m'opposer une expérience de l'illustre Chevalier Landriani, suivant laquelle il a trouvé que l'air phlogistiqué tue les animaux par le seul contact extérieur, même sans qu'ils le respirent. Il assure avoir éprouvé que si l'on enferme dans une vessie pleine d'air phlogistiqué une poule dont la tête soit hors du col de la vessie, elle meurt assez promptement. J'avois mis divers animaux sous des récipiens, de maniere que leurs têtes se trouvoient dehors, dans des airs encore plus nuisibles que l'air phlogistiqué, par exemple dans l'air fixe, &c.; mais ils ne m'avoient point paru y souffrir, & je l'ai observé plusieurs fois de même dans l'air inflammable. Il pourroit d'ailleurs paroître singulier qu'il y eût un fluide aëriforme permanent sur l'eau, capable de tuer aussi promptement les animaux par le seul contact de la peau. Mais toutes ces difficultés n'ont aucune force contre une expérience directe. J'étois donc curieux de voir par mes yeux une expérience aussi surprenante & aussi neuve; je résolus de la faire, & je l'ai faite bien des fois, en observant rigoureusement le procédé de M. Landriani avec toutes les précautions qu'il prescrit; mais aucune poule n'est morte, aucune même n'a paru souffrir dans toutes mes expériences

que

que j'ai cependant répétées très-souvent. Je
les ai faites encore sur des lapins, des cochons d'inde, des pigeons ; aucun n'est mort,
aucun n'a paru souffrir dans cet air. La vessie
restoit plus ou moins gonflée pendant tout
le tems de l'expérience, quoiqu'elle dimi-
nuât continuellement, mais peu-à-peu, &
d'une maniere insensible.

J'ai voulu répéter les mêmes expériences
d'une façon encore plus décisive ; je desirois
que la vessie fût également pleine d'air phlogistiqué pendant tout le tems de l'expérience.
Pour cela je me suis servi d'un récipient de
crystal qui contenoit 1000 pouces cubiques
d'air , & qui avoit à l'extrémité supérieure
une ouverture d'environ un pouce, & une
autre à sa base de 6 pouces & au-delà.

J'ai attaché une grande vessie à l'ouverture
supérieure, & après avoir fait une incision
dans la partie opposée de la vessie, j'y ai
introduit l'animal , de maniere que sa tête
fût tout-à-fait dehors. J'ai fait sortir ensuite
l'air commun de la vessie, en tenant le récipient plongé dans l'eau. Lorsque l'eau étoit
sur le point d'entrer dans la vessie, j'introduisois successivement dans le récipient plusieurs milliers de pouces d'air phlogistiqué,

E

& je laissois sortir l'air par degrés, en élargissant un peu la vessie autour du col de l'animal, à mesure que l'air entroit. Lorsque l'air du récipient devoit être uniquement réduit à de l'air phlogistiqué, je fermois la vessie par une pression douce & égale, de maniere que l'air n'en sortît plus du moins sensiblement, & je plongeois le récipient dans l'eau à plusieurs pouces de profondeur, pour que la vessie fût toujours remplie d'air phlogistiqué. J'ai fait mes expériences sur des poules, des pigeons, des lapins, des cochons d'inde, & aucun n'est mort, aucun n'a paru souffrir. Le procédé que j'ai employé est simple, mes expériences sont nombreuses; je ne puis donc pas craindre de m'être trompé : je laissois les animaux dans l'air phlogistiqué pendant deux à trois heures.

Le Professeur de Milan pense que l'air phlogistiqué tue les animaux par le seul contact extérieur, parce que, dit-il, cet air empêche la transpiration du phlogistique à travers la peau. Mais, avant tout, il faudroit prouver 1°., que cette transpiration cutanée du phlogistique dans les animaux, a véritablement lieu. 2°. Que l'obstacle qu'elle éprouveroit dans les poules, est capable de

les tuer en peu de tems. De ces deux articles,
le premier nous paroît mal fondé, du moins
dans l'application qu'en veut faire ici nôtre
Auteur, autant que l'indiquent nos expériences, dont nous parlerons dans un autre
tems. Le second article est tout-à-fait sans
vraisemblance, n'est étayé d'aucun fait , &
se trouve contredit par les expériences que
j'ai faites sur *la respiration des animaux*, &
que je publierai dans peu.

Je ne puis donc être d'accord avec l'illustre
Professeur de Milan , ni sur les faits dont il
rend compte , ni sur les effets qu'il attribue
à l'air phlogistiqué , ni sur les expériences
qu'il a faites. Je le prierai donc de les répéter
une seconde fois, parce qu'elles méritent
la plus grande attention. Tous ceux qui
aiment les vérités physiques & l'exactitude
dans les faits, lui sauront gré de la peine
qu'il voudra bien prendre. Nous serons les
premiers à convenir que nous nous sommes
trompés, & nous n'aurons pas honte de l'a-
vouer, quand il nous aura donné les détails
nécessaires pour que ses expériences réus-
sissent en d'autres mains que les siennes.
Tous ceux qui font des expériences peuvent
se tromper; mais on doit tout espérer de la

franchife bien avérée de cet illuftre Profeffeur, & de fon amour pour les vérités
utiles.

SECONDE PARTIE.

LA feconde partie de la nouvelle Théorie,
établie par les deux Phyficiens Suédois, a
pour objet la formation de la chaleur, la
génération de l'air déphlogiftiqué, la révivification des chaux métalliques, & la diminution des airs refpirables par les procédés
phlogiftiques. C'eft peut-être la plus brillante, & celle où paroît davantage leur
talent créateur. Ils penfent donc que la matiere de la chaleur eft formée de phlogiftique
& d'air très-pur, & que dans cet état elle
paffe librement à travers tous les corps. Au
moyen de ces principes, ils expliquent facilement la révivification des chaux des métaux parfaits, c'eft-à-dire, par la chaleur
feule, & ils expliquent auffi la formation de
l'air pur que nous appellòns *déphlogiftiqué*.
La matiere de la chaleur fe décompofe en
paffant à travers les vaiffeaux; le phlogiftique, attiré par les chaux métalliques, les
révivifie en métal, & l'air pur abandonné à
lui-même, & devenu libre, fort par le col

du matras en état d'air déphlogiftiqué.

On ne peut rien voir de plus fimple & de plus ingénieux, & c'eft, il faut l'avouer, avec la plus grande facilité que s'explique la diminution des airs purs par les procédés phlogiftiques, qui font toujours accompagnés de chaleur.

M. Bergman a illuftré cette Théorie, & il l'a appliquée de la maniere la plus ingénieufe à prefque tous les phénomenes de la Chymie. Elle ne pouvoit fans doute trouver un plus habile défenfeur; cependant ce grand homme ne la donne pas pour une vérité démontrée, mais pour une théorie ou pour une hypothefe qui explique les phénomenes les plus difficiles, & il exhorte les autres Phyficiens à travailler fur cette matiere importante. Ce feroit un principe fécond pour l'intelligence des plus profonds fecrets de la Chymie & de la Phyfique, & fur-tout des phénomenes relatifs à la lumiere, à la chaleur, au feu....

J'aurois cependant defiré qu'elle fût étayée de quelque expérience directe, ou du moins qu'on en eût imaginé qui démontraffent à l'Obfervateur impartial que la diminution de l'air pur provient de ce

qu'il s'en perd lorfque traverfant les vaiffeaux avec le phlogiftique il devient chaleur, & non pas de ce que l'air eft lui-même
refferré & décompofé. Je trouvois, en un
mot, qu'il manquoit une de ces expériences
que le grand Bacon de Vérulam appelloit
experimentum crucis, & qu'il demandoit
au Phyficien induftrieux, pour établir ou
pour renverfer les théories & les hypothefes
imaginées par les Philofophes. Mais il n'eft
pas toujours aifé, même aux plus grands
Philofophes & aux plus confommés, d'imaginer des expériences de cette efpece qui
fuppofent dans l'homme un génie créateur.
C'eft à cette difficulté qu'il faut attribuer les
difputes interminables fur tant de points
importans dans la Phyfique & dans la Chymie : difputes qui durent encore, & qui ne
finiront pas fi-tôt.

Qu'on me permette cependant de rapporter ici une expérience qui me paroît devoir rendre un peu fufpecte la nouvelle
théorie.

L'on prend une once de mercure très-
pur, qu'on met dans un matras à col long
& ouvert, fur un bain de fable. Si on le
laiffe débouché, le mercure fe calcine

entierement au bout de plufieurs mois, & l'on trouve qu'il a augmenté de poids d'environ $\frac{1}{8}$. Cette augmentation de poids vient fûrement de l'air, puifque dans un vaiffeau fermé il ne s'en calcine que très-peu; que le peu qui fe calcine eft en proportion de la quantité d'air qui eft dans le vaiffeau, & que l'air fe trouve alors diminué & détérioré. Qu'on révivifie enfuite par le feu feul la chaux du matras, & qu'on recueille les produits dans des vaiffeaux adaptés à cet effet; le mercure après s'être révivifié pefera une once comme avant d'être calciné; il fortira, par le col du matras, de l'air très-pur qui pefera précifément $\frac{1}{8}$ d'once, c'eft-à-dire, ce dont le mercure avoit augmenté par l'air qui s'y étoit uni, ou, pour mieux dire, par la matiere attirée de l'air. On ne voit ici aucune décompofition de la chaleur, puifque le poids de l'air qui fe dégage eft égal à l'augmentation de la chaux, mais n'eft pas plus confidérable. Si, fuivant l'hypothefe des Suédois, il y avoit eu décompofition de la chaleur & production d'un nouvel air pur, qui eft un de fes principes compofans, il feroit forti du matras une plus grande quantité d'air, & d'un poids plus confidérable, puifqu'indépendamment de celui du matras qui pefe $\frac{1}{8}$ d'once, l'on auroit eu encore celui qui feroit provenu de la chaleur décompofée. Je ne vois pas ce qu'on peut répondre à cette expérience où fe trouve, comme dans les autres révivifications métalliques, la matiere de la chaleur, fans qu'elle foit décompofée, ni qu'il y ait production de nouvel air déphlogiftiqué.

Ce raifonnement peut fervir à expliquer beaucoup d'autres révivifications métalliques, & la production de l'air pur, fans qu'il foit befoin de recourir à la décompofition de la chaleur, ni de fuppofer qu'on fait la compofition de ce principe encore fi peu connue des Philofophes.

S'il étoit permis de hafarder une idée fur une matiere auffi obfcure, je pourrois demander s'il feroit abfurde de penfer que, dans ce huitieme d'once de matiere étrangere dont le mercure calciné fe trouve accru, il fe trouve autant du principe qui révivifie les métaux, qu'en peut attirer, au moyen du mouvement communiqué par le feu, le mercure qui en eft dépouillé & avide dans l'état de chaux, & qu'ainfi cette chaux

mercurielle fe révivifie. Suivant cette fuppo-
fition, la matiere qui eft dans le mercure,
étant privée de phlogiftique, fe dégageroit
fous la forme d'air déphlogiftiqué très-pur.
En admettant cette hypothefe, on rend
raifon d'une infinité de phénomenes qu'on
n'entendoit point auparavant.

Les chaux métalliques ne font pas entierement privées de phlogiftique. Ces chaux,
dans lefquelles fe trouve l'air fixe, ne font
même pas tout-à-fait privées de ce principe;
car l'air fixe lui-même n'en eft point
exempt, &, d'un autre côté, certaines
chaux donnent de l'air inflammable avec
l'acide du phofphore ; d'autres chaux unies
avec l'acide vitriolique, donnent de l'air
acide vitriolique, & ces deux acides ne
prennent la forme d'air élaftique, qu'au
moyen du phlogiftique qui s'y eft uni.

Il faut encore faire réflexion que par la
fimple union des acides avec les chaux métalliques, on obtient des fluides élaftiques,
c'eft-à-dire, des fluides rendus élaftiques par
le phlogiftique. Le peu d'air déphlogiftiqué
qu'on obtient de certaines chaux avec les
acides purs, ne détruit point l'obfervation
ci-deffus, & l'illuftre Chymifte Suédois,

M. Bergman lui-même, ne regarde pas les chaux métalliques comme entierement privées de phlogistique : *interim tamen non penitùs spoliata reperiuntur*, dit-il, & il en donne de fortes preuves. Il y a du fer spathique qui n'est point attiré par l'aiman ; mais à peine y applique-t-on le feu, qu'il donne de l'air inflammable & de l'air fixe, & alors il est entierement attirable par l'aiman. Si l'on vouloit regarder le fer, dans le premier cas, comme étant sous la forme de chaux, il faudroit croire qu'il étoit uni avec un principe phlogistique qui révivifie la chaux en fer, & qui se dégage sous la forme d'air inflammable.

Tout cela nous porteroit à croire que la huitieme partie de poids dont le mercure s'est accru, en devenant chaux, par la seule action du feu, n'est pas toute entiere sous la forme d'air pur non élastique ; mais que c'est un composé de la matiere de cet air & du phlogistique, & que celui-ci, mis en mouvement par l'action du feu, révivifie le mercure avec lequel il a la plus grande affinité ; tandis que l'autre principe composant, devenu libre, sort sous la forme d'air très-pur, c'est-à-dire, d'air privé de

phlogiftique, du moins en grande partie ;
mais je ne prétends point établir une théorie
fur des principes certains ; les preuves directes manquent, ainfi que les expériences
décifives.

La belle expérience rapportée par M. Bergman, au fujet de l'air qui fe trouve confumé
dans le ballon dans lequel il laiffe refroidir
l'alliage des trois métaux folubles dans l'eau,
ne prouve rien en faveur de ce fyftême,
parce qu'on fuppofe que le ballon eft diminué de poids, fans apporter aucune expérience, aucun fait certain qui nous en
affure.

Il faut en dire autant des chaux métalliques ordinaires, qui contiennent une
grande quantité de la matiere de l'air, à laquelle elles doivent leur augmentation de
poids, & qu'on en retire par les moyens en
ufage.

L'expérience de M. Bergman qui confifte
à confumer prefqu'entierement, au moyen
d'une bougie allumée, l'air déphlogiftiqué
d'un récipient placé fur le mercure, ne me
paroît pas non plus favorifer beaucoup ce
fyftême, par la raifon qu'elle ne prouve pas
que l'air déphlogiftiqué, devenu chaleur,

se soit enfui à travers le verre. Tout concourt à faire croire au contraire que la matiere de l'air ayant perdu son élasticité naturelle, s'unit au corps dont le phlogistique est sorti ; & l'on voit en effet que ces substances augmentent de poids précisément en proportion de ce dont l'air est diminué, comme on peut l'observer avec le phosphore, le soufre & le pyrophore qu'on fait brûler dans de l'air renfermé.

Mais, après tout, mes expériences sur le charbon ne laissent aucun doute sur cette matiere. Je les ai faites dès les premiers tems de mon séjour à Paris ; & parmi le grand nombre de personnes qui les ont vues, il me suffira de nommer M. le Duc de Chaulnes, M. Turgot, Ministre d'Etat, & le savant Traducteur de Priestley, M. Gibelin. Plusieurs Auteurs les ont citées depuis. M. Priestley en parle dans plusieurs endroits de son Ouvrage sur les airs, publié à Londres, dès l'année 1778, & réimprimé en François en 1782. Il s'explique dans ces termes, Tome 1, page 77 de l'édition françoise : *l'absorption de toutes les especes d'air par le charbon est une grande découverte de l'Abbé Fontana, qui a bien voulu me permettre d'en faire mention.*

Qu'on allume du charbon; & qu'après l'avoir bien allumé, & mis en petits morceaux, on en remplisse des bocaux qu'on bouche aussi-tôt. Quand ils seront refroidis, qu'on les pese, & qu'on les ouvre ensuite dans l'air commun, ou dans des vaisseaux contenant une quantité connue de cet air, & placés sur le mercure. Ces bocaux, pleins de charbon, augmenteront de poids, en raison de la quantité dont l'air sera diminué dans les vaisseaux. Ce charbon, mis ensuite dans le vuide, ou plongé dans l'eau, donne une grande quantité d'air dont la plus grande partie est de l'air phlogistiqué, & le restant est de l'air fixe avec un peu d'air commun.

Si l'on éteint dans le mercure un charbon allumé, & que, sans le faire reparoître à l'air extérieur, on l'introduise à travers le mercure, dans un récipient contenant de l'air commun, on voit à l'instant cet air diminuer jusqu'à ce qu'il n'en paroisse plus un atôme. Si, dans cet état, l'on fait passer le charbon dans l'eau, sans qu'il communique avec l'air extérieur, il en sort en bulles environ $\frac{2}{7}$ de l'air qui avoit été primitivement absorbé, & cet air est parfaitement phlogistiqué. Il s'en dégage encore de l'air fixe que l'eau abforbe à mefure qu'il s'éleve en petites bulles. Le charbon, dans ces expériences, abforbe jufqu'à fix fois environ fon volume d'air.

Il faut noter que dans les mêmes circonftances le charbon peut abforber fix fois, & plus, d'air déphlogiftiqué (1); mais, fi l'on met dans l'eau ce charbon ainfi faturé, il ne donne que peu de bulles, compofées d'air beaucoup meilleur que l'air commun, mais beaucoup moins bon qu'il n'étoit avant d'être abforbé.

Si l'on met dans l'air inflammable, ou dans l'air phlogiftiqué, le charbon éteint dans le mercure, à peine en abforbe-t-il un volume égal au fien ; & fi on le plonge, comme ci-deffus, dans l'eau, il ne donne aucune quantité fenfible d'air quelconque.

Qu'on me permette de donner ici quelques réfultats d'expériences faites avec le charbon éteint dans le mercure, puis introduit, à travers le mercure, dans des tubes

---

(1) Les quantités d'air que le charbon abforbe, fur-tout lorfqu'il a été éteint dans le mercure, varient lorfqu'on varie les circonftances de l'expérience, felon la qualité du charbon & le degré de feu auquel il a été allumé ; elles varient encore fuivant les différentes qualités des airs mêmes, comme je le ferai voir dans d'autres occafions.

de 35 pouces de haut fur deux pouces de diametre, dans lefquels j'avois mis une quantité déterminée d'air commun. Il y en avoit environ dix pouces tout au plus. Je m'étois apperçu que fi je tenois le tube verticalement, il fortoit beaucoup d'air du charbon, & que cet air étoit abforbé lorfqu'on inclinoit le tube à l'horifon. Je l'inclinai donc de maniere que l'air fût entierement abforbé par le charbon. Alors je remis le tube à plomb, &, l'ayant laiffé quelque tems dans cette fituation, j'en retirai le charbon par le moyen d'un fil de fer, au bout duquel étoit attaché un réfeau de fer que j'introduifois dans la partie fupérieure du tube, & qui ramenoit le charbon avec lui. Ayant donc retiré le charbon, je mefurai fur le mercure l'air qui étoit refté dans le tube, & qui étoit forti du charbon par le défaut de preffion extérieure, & je trouvai qu'il y en avoit au moins fix pouces cubiques. Je le portai fur de l'eau, avec laquelle je l'agitai; il y en eut un demi-pouce d'abforbé. Le réfidu éteignit une lumiere, & donna 185 avec l'air nitreux; le charbon, qui pouvoit remplir l'efpace de deux pouces cubes, avoit donc fourni environ trois fois fon volume d'air, dont un douzieme étoit

de l'air fixe, & le reſtant étoit de l'air preſ-
qu'entierement phlogiſtiqué.

Je répétai cette expérience, avec l'air déphlogiſtiqué, dans les mêmes circonſtances;
il y avoit quatre pouces cubiques de charbon; il en ſortit ſur le mercure quatre
pouces d'air. Le réſidu étant agité dans l'eau,
diminua d'un qnart. Avec l'air nitreux, il
donna 72, 42, 78, 178, tandis qu'auparavant
il donnoit 71, 38, 46, 90, 190; c'étoit donc
encore de l'air déphlogiſtiqué, quoique
détérioré, & il étoit mêlé d'un peu d'air fixe.

Je répétai cette expérience avec l'air phlogiſtiqué, mais le charbon qui ſe montoit à
cinq pouces cubiques, n'en abſorba qu'un
volume égal au ſien. J'agitai le réſidu dans
l'eau, qui en abſorba un ſixieme. Le reſtant
ne fut point diminué par l'air nitreux.

Je répétai cette expérience avec l'air inflammable, & ſept pouces cubiques de
charbon en abſorberent un égal volume.
Je plaçai le tube verticalement. Je retrou-
vai toute la quantité primitive d'air inflammable, comme je m'en aſſurai, en le me-
ſurant. Agité dans l'eau, il fut ſenſiblement
diminué. Il ne le fut point avec l'air nitreux;
& la lumiere l'enflamma comme auparavant.

J'ai

J'ai une très-longue suite d'expériences sur le charbon éteint dans le mercure & dans le vuide, lesquelles forment une nouvelle branche de science sur cette matiere. J'ai sur-tout des résultats inattendus sur les airs qu'on obtient, en plongeant un charbon ardent dans différens fluides, comme dans les acides, dans les huiles & même dans l'eau. Il est singulier qu'on obtienne de l'air inflammable, en étouffant un charbon ardent dans l'eau distillée. Si l'on demandoit de retirer de l'air inflammable d'un corps, au moyen de l'eau la plus froide, cette question auroit l'air d'un paradoxe; mais je me réserve de traiter cette matiere avec le plus grand détail, dans mon Ouvrage sur les airs.

Ces nouvelles expériences sur le charbon fourniffent de grandes lumieres pour la théorie des airs; mais elles préfentent en même-tems des phénomenes difficiles à expliquer. On ne conçoit point, par exemple, comment un pouce cubique de charbon peut contenir trois fois fon volume d'un air qui d'air commun est devenu air phlogiftiqué, c'est-à-dire, air qu'il est difficile d'altérer, même par les moyens les plus puiffans que puiſſe fournir la Chymie moderne, & qui paroît indeſtructible & indécompoſable. S'il conſerve dans le charbon ſon élaſticité naturelle, il doit être au moins trois fois plus élaſtique que l'air commun, & l'on ne conçoit pas comment le charbon peut le contenir. S'il n'eſt pas élaſtique dans le charbon, comment cet air pourra-t-il en ſortir auſſi-tôt qu'on ne fait que diminuer un peu la preſſion du mercure ſur le charbon même? Car j'ai obſervé que ſi la preſſion de l'air extérieur eſt diminuée d'un quart, d'un quint & même de beaucoup moins, il ſe dégage toujours plus ou moins de cet air du charbon. Nous ſommes donc forcés d'admettre dans le charbon une force préciſément capable de vaincre la force expanſive de l'air abſorbé, quand le charbon eſt preſſé par tout le poids de l'atmoſphere, tandis qu'à peine diminue-t-on cette preſſion, que la force d'élaſticité de cet air prévaut, & qu'il ſe dégage avec les qualités que nous avons trouvées.

Mais cette maniere d'imaginer des forces ſuivant que les phénomenes l'exigent, ou de repréſenter les effets, en ſuppoſant des cauſes qui leur ſoient proportionnelles, eſt plutôt

mathématique que physique, & tend plus
à trouver les loix que les causes de ces
effets.

Je suis dans l'opinion que l'air existe dans
le charbon comme dans l'eau, & qu'il s'en
dégage de même. Ce que je dis de l'air par
rapport à l'eau, pourroit se dire également
de ce fluide élastique, par rapport à tous les
corps dans lesquels il se trouve. J'ai démontré dans mon Ouvrage *sur l'air nitreux &*
sur l'air déphlogistiqué, imprimé à Paris en
1777, que l'air commun ne pouvoit se trouver dans l'eau sous forme élastique ; je crois
que l'air que l'eau contient y est vraiment
dans un état de dissolution complette. Les
molécules de l'air dans cet état tendent sans
cesse à sortir de l'eau en vertu d'un principe
ou d'une force qui agit perpétuellement
contre elles, & en effet elles s'échappent
aussi-tôt que la pression qui agit extérieurement sur l'eau est diminuée au point de
laisser prévaloir la force qui tend à les dégager de l'eau ; c'est ainsi que je conçois
que l'air se trouve dans le charbon, c'est-à-
dire, réduit en molécules imperceptibles
non élastiques, mais tendantes à sortir de
ce corps aussi-tôt que prévaut la force

expanfive qui les pénetre & qui les détacho du charbon. L'exemple de l'eau qui fe réduit en vapeurs dans le vuide, & du mercure même qui dans un vuide plus parfait fe réfout en très-petits corpufcules, démontre affez que cette force regne dans tous les corps, & qu'il fuffit d'ôter ou de diminuer la preffion extérieure de l'air, pour que les fluides les plus inertes & les plus pefans fe réduifent en vapeurs. J'efpere pouvoir démontrer avec toute l'évidence dont les vérités phyfiques font fufceptibles, la réalité de ce nouveau principe & fon mécanifme. Voyez ci-deffous mon Mémoire fur *la folidité & la fluidité des corps.*

De quelque maniere que la chofe fe paffe, peu importe, pourvu que le fait foit vrai, & qu'il foit convenu que tous ces effets dérivent du principe phlogiftique qui eft dans le charbon. L'on ne peut donc plus douter que la diminution de l'air, & même la deftruction totale de tous les airs factices & naturels, ne fe faffe aux dépens de l'air même qui s'eft introduit dans le charbon.

C'eft encore une confidération digne du Philofophe obfervateur, qu'il fe trouve une matiere capable d'abforber tous les airs en entier fans laiffer aucun réfidu : ce qu'on n'avoit obtenu jufqu'à préfent par le moyen d'aucun autre procédé phlogiftique ; & cela doit rendre fufpectes les théories de ces Phyficiens qui ont formé l'atmofphere de $\frac{1}{4}$ d'air nuifible & de $\frac{3}{4}$ d'air très-pur, fur ce feul fondement qu'ils ne favoient diminuer l'air commun que de $\frac{1}{4}$, & que le réfidu étoit méphitique, c'eft-à-dire, air phlogiftiqué. Le charbon peut le diminuer dans toutes fortes de proportions, & les réfidus font de l'air mal fain. Il peut même le détruire en entier. Dans ce cas il faudroit dire que l'air de l'atmofphere n'eft compofé que d'air déphlogiftiqué, que d'air très-pur : ce qui eft abfurde & contraire à l'hypothefe que nous combattons. Le charbon eft de toutes les fubftances, ou de tous les phlogiftiques, le feul connu jufqu'ici qui abforbe tous les airs naturels & factices, tant falubres que méphitiques, qui les abforbe en fi grande quantité, avec tant de rapidité, qui enfin les abforbe en entier, c'eft-à-dire, fans aucun réfidu de fluide élaftique ; & c'eft en cela feul que confifte principalement la fingularité que j'ai découverte dans cette fubftance. L'on ne doit pas confondre avec le charbon ces substances qui absorbent l'air qui leur est naturel, & qu'elles ont perdu par quelque accident ; la diminution de l'air doit être opérée par le seul phlogistique, comme cela arrive avec le charbon. Il ne me conste non plus par aucune expérience directe, que les plantes dans l'état de végétation puissent être comparées avec le charbon relativement à la destruction des airs, & d'ailleurs le principe qui l'opere dans ce cas n'est pas le même. Il ne faut pas croire que le charbon n'absorbe les airs qu'à proportion qu'il se refroidit, car il produit le même effet, lorsqu'il est refroidi , renfermé dans les vaisseaux & couvert de mercure, pendant des années.

Mais malgré tout ce que je viens de rapporter contre la nouvelle Théorie de la chaleur, je n'étois ni tranquille ni content de moi-même. Il me manquoit une de ces expériences qui décident les controverses physiques, & qui ne laissent plus lieu à des doutes ultérieurs.

Un nouvel examen de cette Théorie me conduisit par degrés à voir qu'il étoit possible de faire une expérience directe & décisive. Je supposai donc le problême en

queſtion, réſolu à la maniere des Analyſtes;
je cherchai quelles étoient les conſéquences
immédiates qui en dérivoient, & s'il y avoit
quelque moyen de confirmer par l'expérience les conſéquences qu'on en tiroit &
qu'on lioit entierement avec les principes.

L'hypotheſe que nous combattons étant
ſuppoſée vraie, l'air pur en s'uniſſant au
phlogiſtique dans les vaiſſeaux devient chaleur. La chaleur eſt donc une ſubſtance
compoſée de deux principes qui ſont l'air
pur & le phlogiſtique. La matiere de la
chaleur paſſe à travers tous les corps même
les plus compacts, ſe répand & ſe communique aux corps extérieurs. On ſait que l'air
eſt peſant & on en connoît le poids. Nous
ne nous tromperons pas beaucoup en ſuppoſant qu'un pouce cubique d'air commun
peſe environ ⅓ de grain ; mais ici nous n'a-
vons point beſoin de préciſion, & en prenant même les données les moins favorables, c'eſt encore trop pour l'application
que nous en faiſons. Le phlogiſtique eſt un
corps, & cela ſuffit pour le croire peſant,
quoiqu'il ſoit vrai d'ailleurs qu'on en ignore
la peſanteur préciſe ; mais nous pouvons
la négliger, & elle nous eſt entierement

inutile. L'air pur devenu chaleur avec le phlogiftique, fort des vaiffeaux dans lefquels a chaleur s'eft formée : dans ce cas la quantité de matiere doit diminuer dans ces vaiffeaux, & cette diminution fera d'autant plus grande qu'il fe fera confommé une plus grande quantité d'air pour la formation de la chaleur.

J'ai imaginé différentes méthodes pour trouver avec certitude & facilité la quantité de matiere perdue dans les récipiens. Mais je me contenterai pour le préfent d'en rapporter une feule que j'ai préférée aux autres. J'avois befoin de grandes bouteilles ou vaiffeaux pour que le phlogiftique pût agir fur de grandes maffes d'air ; mais je cherchois en même-tems à m'affurer des plus petites différences de poids.

Pour remplir l'une & l'autre de ces conditions, j'ai fait fouffler un grand nombre de ballons de verre mince & de la contenance de 600 jufqu'à 1000 pouces cubiques d'air & au-delà. Ces ballons fe terminoient par un col de quatre ou cinq pouces de longueur, par lequel j'introduifois les diverfes matieres que je voulois employer & je fcellois auffi-tôt ce col hermétiquement. Je pesois alors le tout avec la plus grande attention ; les ballons, lors même qu'ils étoient scellés , n'alloient jamais à six onces, & la plûpart pesoient de trois à cinq onces & leur poids approchoit même plutôt du premier nombre que du dernier ; la balance dont je me servois étant chargée des ballons, trébuchoit constamment à $\frac{1}{10}$ de grain.

Je dois avouer ingénument qu'en faisant les expériences qui suivent , j'ai été plusieurs fois sur le point de me tromper, & j'ai cru pendant quelque tems que ces ballons éprouvoient réellement une perte de matiere. J'ai cru devoir éprouver divers matériaux , tous de nature combustible & capables d'exclure le phlogistique & d'exciter la chaleur. Je me suis servi de la poudre à tirer , de l'amadoue ordinaire , du soufre , du pyrophore , & enfin du phosphore urineux. J'allumois dans les ballons la poudre & l'amadoue avec une lentille ardente ; je n'allumois la poudre qu'en petites masses , dans la crainte que le ballon n'éclatât ; j'appliquois aux ballons où se trouvoit le soufre une lampe allumée, & je l'y tenois pendant 10 ou 12 heures, jufqu'à ce qu'il fe fût tout fublimé en fleurs ; je ne mettois communément pas plus d'un gros de foufre dans les ballons.

Les ballons dans lefquels étoient le foufre & le phofphore , m'ont préfenté fréquemment une diminution conftante de poids , qui alloit jufqu'à deux grains & plus. Mais cette perte de poids ne répondoit point aux diminutions d'air qui avoient lieu dans les ballons, & fe trouvoit même en contradiction avec les réfultats des autres ballons, dans lefquels il m'arrivoit fouvent d'obferver au contraire une véritable augmentation de poids.

A proportion que je multiplois mes expériences & que j'y apportois plus de précautions & d'attentions, je trouvois qu'elles s'accordoient toujours davantage entr'elles, & qu'elles tendoient à prouver qu'il n'y avoit ni diminution ni augmentation de poids ; la température de l'air extérieur & la chaleur rendoient mes réfultats inégaux ; l'humidité , la pouffiere , la fueur des mains y concouroient auffi d'une maniere fenfible. Dans l'examen rigoureux que j'ai fait des circonftances diverfes & inconftantes qui avoient lieu dans mes expériences , j'ai découvert que la chaleur des ballons mêmes pouvoit en altérer fensiblement le poids : ce qui mérite quelques réflexions.

Un jour j'avois mis environ 15 grains d'amadoue dans un ballon rempli d'air commun & fcellé hermétiquement. Ce ballon étoit fufpendu par un fil de foie au bras d'une balance, & pefoit 4 onces 2 gros 31 grains & $\frac{1}{4}$: j'allumai l'amadoue dans le ballon avec la lentille & j'obfervai qu'il perdoit fenfiblement de fon poids, le fond du ballon étoit chaud ; & fa partie fupérieure étoit froide ; je répétai cette expérience fur quatre autres ballons, & je trouvai que dans les mêmes circonftances le poids diminuoit d'un grain & plus ; mais qu'à peine les ballons étoient refroidis, que leur poids fe trouvoit le même qu'auparavant.

Cette diminution de poids dans l'acte de la combuftion de l'amadoue dans les ballons, paroît un fait d'expérience dont il n'eft pas même poffible de douter. Mais d'où vient cette diminution ? Une perfonne qui fe trouvoit préfente à quelques unes de ces expériences me fit obferver qu'il s'élevoit de l'amadoue une vapeur épaiffe qui s'élançoit avec force vers les parties supérieures du ballon. Elle croyoit donc que ces vapeurs ou fumées diminuoient le poids du ballon par leurs chocs contre ses parois supérieures, & par l'effort qu'elles faisoient pour s'y ouvrir un passage. Il n'étoit pas bien difficile de montrer l'insuffisance de l'une & l'autre hypothese : mais je voulois tout examiner au flambeau de l'expérience, & je desirois que les faits mêmes servissent à découvrir la véritable cause de cette diminution de poids.

Je fis beaucoup de nouvelles expériences dans cette vue, & je trouvai qu'à proportion que la chaleur diminuoit après la combustion de l'amadoue, la différence de poids devenoit moindre, & qu'elle augmentoit au contraire en raison de l'augmentation de la chaleur : cela me fit soupçonner que la chaleur appliquée même extérieurement aux ballons, pourroit en diminuer le poids d'une maniere sensible.

Je pris donc un ballon de verre de 10 pouces de diametre, & l'ayant rempli d'air commun, je le scellai hermétiquement. Il pesoit 4 onces 1 gros 50 grains $\frac{1}{2}$. L'ayant suspendu par un fil, je le chauffai en l'ap-

prochant d'un réchaut de charbons ardens.
La chaleur étoit presque insupportable au
fond, mais à peine sensible dans les parties
supérieures. Je le pesai de nouveau, & le
trouvai diminué exactement de deux grains.
A mesure qu'il se refroidissoit, il devenoit
plus pesant par dégrés : & lorsqu'il fut revenu
à la même température qu'auparavant, qui
étoit celle de la chambre, il eut recouvré
son premier poids.

J'ai répété plusieurs fois cette expérience
avec le même succès. Je voulus éprouver
encore si j'obtiendrois le même effet en
chauffant les ballons dans les parties supérieures vers le col, & non pas au fond, &
aussi en les chauffant également par-tout.
Les résultats de toutes mes expériences me
portent à regarder comme vraies, ou à très-
peu de chose près, les propositions suivantes.

I.

Un ballon du poids d'environ quatre
onces, scellé hermétiquement, & rempli
d'air commun, bien pesé, & chauffé fortement dans la partie opposée au col, de sorte
qu'on n'y puisse souffrir la main, se trouve
sensiblement diminué de poids. S'il a dix ou
douze pouces de diametre, la diminution va

jusqu'à deux grains & plus. Il faut prendre
garde que la chaleur n'atteigne pas jusqu'au
col du ballon, dont il faut chauffer brus-
quement le fond, au-dessus d'un brasier bien
allumé, lorsqu'on veut faire cette expérience.
Au bout de quelques minutes, étant refroidi
comme auparavant, il se trouve augmenté
des deux grains de poids qu'il avoit perdus.

I I.

Si l'on ne chauffe que la partie supérieure
du ballon où se trouve le col, son poids est
diminué un peu, mais beaucoup moins que
dans le premier cas; & dès qu'il est refroidi,
il recouvre son premier poids.

I I I.

Si l'on chauffe le ballon également par-
tout, il se trouve plus diminué que celui du
n°. II, mais un peu moins que celui du n°. I.

I V.

Les matieres dans l'acte de leur combustion dans les ballons scellés hermétiquement diminuent de poids. Mais lorsqu'elles
sont refroidies, elles reviennent au même
poids qu'auparavant.

V.

Les diminutions de poids dans les ballons
où l'on a excité la chaleur ne proviennent

pas des vapeurs qui fe répandent dans l'air des ballons.

V I.

Les corps chauffés peuvent paroître moins pefans qu'auparavant.

V I I.

Cette diminution de poids eft un nouvel élément auquel on n'a pu avoir égard dans toutes les expériences qu'on a faites fur la combuftion des corps, & elle doit engager les Phyficiens à les répéter.

Je finis par avertir qu'ayant chauffé un ballon dont le col étoit ouvert, je trouvai qu'il pefoit 27 grains de moins qu'auparavant. J'en avois chauffé le fond, & non pas la partie fupérieure. A proportion qu'il fe refroidiffoit, il augmentoit de poids; & lorfqu'il fut tout-à-fait refroidi, il eut recouvré fon premier poids : mais ici la caufe eft trop évidente pour qu'il foit befoin d'en parler, & il n'eft pas difficile non plus d'expliquer pourquoi les ballons augmentent de poids avec la chaleur, lorfqu'on fait qu'ils augmentent de volume.

Après avoir peu-à-peu reconnu & corrigé les erreurs que je commettois en faifant mes expériences fur le poids de mes ballons, j'ai trouvé que leurs réfultats fe combinoient très - bien entr'eux , mais qu'ils n'étoient point du tout favorables à la nouvelle théorie des Savans Suédois.

J'ai cru devoir continuer mes expériences en les diverfifiant de maniere que les réful-tats fuffent plus grands & plus prompts , & par conféquent encore plus fûrs. J'infinuois de petits brins de phofphore dans quelques ballons ; & après les avoir fcellés herméti-quement, j'allumois le phofphore au moyen d'un charbon ardent. Souvent le ballon fe brifoit, lors même que je n'allumois qu'un petit morceau de phofphore à la fois.

J'ai trouvé que cette expérience réuffiffoit plus fûrement lorfque je foufflois de l'air froid contre la partie du ballon où brûloit le phofphore. Le froid retarde & diminue fa flamme : ce qui rend les ruptures moins fréquentes. Quelquefois en moins d'un quart - d'heure l'expérience étoit finie , le ballon refroidi & repefé. Deux fois feule-ment le phofphore s'eft allumé tout-d'un-coup, fans que le ballon fe foit brifé , & j'ai obfervé que l'intérieur de fes parois étoit incrufté d'une matiere blanche, lanugineufe, très-fine & réguliere.

Dans

Dans aucune des nombreuses expériences que j'ai faites en brûlant du phosphore dans les ballons, je n'ai trouvé ni diminution ni augmentation de poids. Je les ai répétées en divers tems, en différens lieux, en faisant ensorte que le poids de l'air & la chaleur fussent toujours les mêmes.

Si je me suis trompé, il faudra dire que tout a concouru à m'induire en erreur ; mais en attendant, il doit m'être permis d'établir comme un principe physique des plus certains, que les corps dans les circonstances où je les ai examinés n'augmentent ni ne diminuent de poids.

J'ai trouvé que l'air dans quelques ballons étoit diminué presque du quart ; & ce quart pouvoit aller jusqu'à 200 pouces cubiques ; ensorte que j'aurois dû trouver plus de 66 grains de diminution de poids, tandis que la balance n'en montroit aucune.

J'ai cru devoir entreprendre un autre genre d'expériences, qui prouvent encore plus directement la même vérité. Elles consistent à mettre dans les ballons une quantité d'acide nitreux, & du mercure. Les ballons étoient faits de maniere, que vers la moitié du col il y avoit une petite ampoule de verre

G

qui s'ouvroit dans l'intérieur du goulot. J'introduisois d'abord l'acide nitreux dans le ballon, sans qu'il en entrât dans la petite ampoule, & aussi-tôt après je mettois le mercure dans cette ampoule, au moyen d'un tube courbé que je faisois entrer dans le goulot du ballon. L'acide nitreux étoit un peu fumant, & en assez grande quantité pour dissoudre pleinement le mercure. Je scellois le col hermétiquement, je pesois le tout ; & sans ôter le ballon de la balance, je faisois tomber le mercure dans l'acide nitreux. En peu de minutes, le mercure étoit dissous, & le ballon refroidi. Je soulevois alors la balance pour voir s'il y avoit quelque variation de poids. Cette expérience s'exécute en moins de six minutes. On ne touche au ballon que pour l'incliner un peu, & faire tomber le mercure sur l'acide nitreux ; ce qu'on fait en l'empoignant avec un linge fin. La balance reste dans sa premiere situation ; il n'est donc aucune circonstance qui puisse faire soupçonner quelque erreur. Toutes les expériences que j'ai faites suivant cette derniere méthode, ont été uniformes & m'ont démontré qu'il n'y a ni diminution ni augmentation de poids dans les ballons, & qu'il n'en fort ni air pur fous la forme de chaleur, ni aucune autre fubftance qui ait du poids. Je crois pouvoir avancer cette vérité, qui me paroît très-importante, & qui manquoit à la Phyfique moderne & à la fcience des airs. Il eft vrai qu'elle eft en contradiction avec la théorie des deux illuftres Chymiftes Suédois; mais c'eft toujours un grand pas dans la fcience de la Nature, que d'avoir détruit un obftacle qui pouvoit retarder les progrès des Phyficiens.

Les expériences que j'ai rapportées fur les ballons qui n'augmentent ni ne diminuent de poids lorfqu'on fait brûler des corps combuftibles dans leur capacité, ou qu'on y excite des effervefcences, préfentent les trois corrollaires fuivans.

I.

Le feu, la lumiere & la chaleur qui fortent à travers les parois des ballons n'ont aucun poids fenfible.

I I.

Le feu ou la chaleur qui demeure renfermée dans l'état de fixité ou de faturation dans les corps combuftibles n'en augmente pas le poids.

I I I.

Il ne fort à travers les parois ou les pores

G 2

dû verre aucune vapeur ou fluide , quelque subtil qu'il soit , s'il est susceptible de pesanteur.

On pourroit objecter peut-être contre les expériences que je viens d'exposer , que la diminution en poids & en substance de l'air pur qui sort des récipiens dans mes expériences , sous forme de chaleur sensible, pourroit très-bien être compensée par l'addition de la chaleur *latente* , qui s'unit aux corps décomposés par la combustion & par l'effervescence.

Afin qu'une telle supposition eût quelque probabilité , il faudroit avoir démontré auparavant la certitude de la théorie que nous attaquons ; car sans cela , on ne feroit que soutenir une hypothese par une autre hypothese , puisqu'on supposeroit dans ce cas que la chaleur latente auroit un poids précisément égal à celui de l'air sorti au travers des parois de mes ballons.

Mais il resteroit à prouver s'il y a quelques cas ou expériences par lesquels on puisse trouver que la chaleur latente ou cachée dans les corps soit douée d'un poids sensible à nos balances, ce qui semble être contredit par toutes mes expériences.

Il y a certainement une chaleur sensible, & même une grande chaleur qui se développe dans toutes les expériences que j'ai faites, & il est sûr que cette chaleur sort & se propage au travers des parois de mes ballons, quoiqu'ils soient scellés hermétiquement, & se fait sentir à une distance bien considérable. On ne peut pas nier par conséquent que l'air pur qui y est contenu, & qui est l'un des ingrédiens de cette chaleur, sorte en abondance de ces mêmes ballons, au travers des parois, quoique scellés hermétiquement : il devroit conséquemment y avoir diminution en poids dans cette hypothese, puisqu'il y a diminution d'air, & cependant on trouve que le poids est le même qu'auparavant.

Je crois enfin que l'on pourroit démontrer que la compensation entre l'air pur & la chaleur cachée est une hypothese qu'on ne peut pas admettre en Physique.

Les expériences que j'ai faites relativement au poids des ballons, avant & après la combustion, sont au nombre de plus de deux cent. J'ai diversifié les doses des matieres que j'y enfermois, ainsi que la quantité des substances mêmes, & la grandeur des

G 3

récipiens. Malgré cela, je n'ai pu obferver dans aucun cas la moindre diverfité dans le poids des ballons, ni dans la combuftion, ni dans l'explofion, ni dans la flamme.

Cependant la quantité de l'air pur diminué varioit dans chaque cas, lorfque la qualité, le poids, &c. des fubftances que je brûlois, ainfi que la capacité des ballons, étoient différens. Ces diminutions différoient en quantité depuis 10 pouces, jufqu'à 300. Mes balances étoient affez délicates pour indiquer un dixieme de grain de différence; je pouvois par conféquent m'appercevoir avec affez de certitude de $\frac{1}{3}$ de pouce d'air perdu. Lorfque la perte ou diminution de l'air étoit de 300 pouces, la différence de mes balances n'étoit pas de moins de 3000 parties.

Cela pofé, il faudroit croire que la chaleur cachée qui reftoit dans les différentes fubftances brûlées dans les ballons, auroit été précifément de 3000 parties ou quantités, égales en poids aux 3000 ci-deffus. Si une feule de ces 3000 parties eût manqué à la chaleur cachée, je m'en ferois certainement apperçu, au moyen de mes balances. Ainfi donc la probabilité de l'air forti au travers du verre, fous la forme de chaleur, & de la chaleur devenue latente ou cachée dans la capacité même du ballon, eft comme 1 eft à 3000. Si nous voulons appliquer à préfent le même raifonnement à toutes mes autres expériences, dans lefquelles la diminution de l'air étoit très-différente, quoiqu'elle ne fût jamais fenfible à la balance ; fi nous voulons faire entrer dans le calcul toutes les autres différentes circonftances, nous trouverons aifément que la parfaite compenfation qu'on voudroit fuppofer, eft tout-à-fait improbable, & totalement abfurde.

Il faut convenir que la chaleur qui a été excitée dans les ballons, eft une chaleur qui n'y eft point entrée par le dehors, une chaleur qui s'eft développée des différens corps qui y étoient renfermés. Suppofons à préfent (quoique cela foit abfolument faux) que toute cette chaleur qui s'eft développée pendant la combuftion, refte fous forme de chaleur cachée dans l'intérieur du ballon, il fera toujours vrai que l'air pur a été diminué en volume, car on le trouve diminué en effet ; & que la portion dont il eft diminué ne fe trouve plus (felon l'hy-

G 4

pothefe fuédoife) dans le ballon , étant fortie fous forme de chaleur. On devroit donc toujours trouver une diminution de poids proportionnelle à la diminution de l'air ; ce qui eft démenti par l'expérience.

TROISIEME PARTIE.

Sur l'air fixe qui exifte dans l'atmofphere.

AVANT d'entrer dans les détails qu'exige cette queftion , j'ai cru qu'il convenoit d'abord d'en examiner une autre peut-être moins importante, mais qui rend plus facile la folution de la premiere. Cette feconde queftion a pour objet de favoir d'où provient le réfidu aëriforme qui fe trouve dans l'air fixe. Les Phyficiens modernes qui ont le plus travaillé fur les propriétés & fur la théorie des airs, ont trouvé, d'après le célebre Prieftley, que toutes les fois qu'on fait abforber de l'air fixe par l'eau, il refte toujours un réfidu qu'elle ne peut abforber, & qui eft tout-à-fait différent de l'air fixe, lors même qu'il eft le plus pur qu'on puiffe obtenir par les procédés connus jufqu'ici. Tous ont cru que ce réfidu, qui eft de l'air commun, mais en partie altéré, & proba-

blement par le phlogistique , étoit naturellement uni à l'air fixe, de maniere que ce
dernier ne pourroit exister sans l'autre. Une
bougie peut brûler dans cet air, mais moins
long-tems, & moins bien que dans l'air
commun. Un animal y vit aussi moins long-
tems, & l'air nitreux ne le diminue qu'en
partie, c'est-à-dire, moins que l'air commun.
Ces propriétés , comme on voit, font les
mêmes que celles de l'air commun en
partie altéré par le phlogistique.

Mais on ignore encore d'où vient ce ré-
sidu de l'air fixe, & comment il s'y trouve uni.
On croit communément que l'air fixe ne
peut jamais être séparé de cet air commun,
& qu'ils n'existent jamais l'un fans l'autre.

En supposant qu'il y ait nécessairement
dans l'air fixe une partie d'air commun, on
peut demander de quelle maniere cet air est
uni à l'air fixe, & en quel état il s'y trouve
mêlé. Cette question est susceptible d'expériences directes, & la solution paroît être
dans la main du Physicien observateur.

On sait que l'air nitreux diminue l'air
commun & tous les airs respirables. S'il y
avoit de l'air commun mêlé à l'air fixe, on
appercevroit une diminution sensible, lors-

qu'on mêle celui-ci avec l'air nitreux, &
cette diminution feroit en raifon de la quantité & de la qualité de l'air commun.

On fait qu'après qu'on a agité dans l'eau
l'air fixe le plus pur, il refte environ $\frac{1}{40}$ de
fon volume, enforte que fi l'on avoit introduit une quantité un peu confidérable
d'air fixe dans un tube affez haut & rempli
de mercure, la diminution pourroit être
très-fenfible. Je puis affurer cependant que
toutes les fois que j'ai opéré fur de l'air fixe
très-pur, je ne me fuis jamais apperçu d'aucune diminution, du moins fenfible & certaine; mais j'avois la précaution de ne pas
recevoir l'air fixe fur l'eau, mais fur le mercure, & de ne le recevoir qu'après qu'il s'en
étoit déjà dégagé une grande partie. Cette
expérience eft très-difficile & exige beaucoup d'attention & de précaution de la part
de l'Obfervateur.

Après avoir exclu l'hypothefe du mêlange
de l'air commun dans l'air fixe, il refte à
examiner d'où provient ce réfidu d'air, &
comment il fe trouve dans l'air fixe qu'on a
reçu fur l'eau, ou agité avec elle. Un grand
nombre d'expériences m'ont prouvé que la
quantité de ce réfidu d'air commun n'eft

pas conſtante, quoique l'air fixe ait été tiré des mêmes corps & par des procédés ſemblables. J'ai encore remarqué qu'il eſt plus ou moins phlogiſtiqué, ſuivant les circonſtances & les différentes manieres de le retirer des corps. En général il m'a paru que l'air fixe qui reſte pluſieurs jours en contact avec l'eau, laiſſe un réſidu plus conſidérable d'air commun mal ſain. Toutes ces obſervations pourroient commencer à nous faire ſoupçonner que le tout ou partie de ce réſidu d'air eſt produit dans l'acte de l'abſorption de l'air fixe par l'eau, c'eſt-à-dire, qu'une partie de l'air fixe acquiert dans ce cas la qualité d'air commun, moins bon, légerement phlogiſtiqué.

Toutes les expériences que j'ai faites juſqu'ici, m'ont prouvé que lorſque l'air fixe eſt diminué par quelque ſubſtance, il laiſſe une quantité plus ou moins conſidérable d'air plus ou moins phlogiſtiqué, qui devient tout-à-fait ſemblable au réſidu ordinaire de l'air fixe qui a été long-tems agité avec l'eau. Ces ſubſtances qui diminuent ou abſorbent l'air fixe, ſont du nombre de celles qui abondent naturellement en phlogiſtique. L'étincelle électrique même, ainſi que je l'ai éprouvé plufieurs fois, ôte à une partie de l'air fixe la propriété d'être abforbée par l'eau. Après cela je fais réflexion que lorf-qu'on agite l'air fixe avec l'eau, il eft di-minué peu-à-peu par ce fluide qui l'abforbe. L'eau n'étant pas tout-à-fait privée de phlo-giftique, peut phlogiftiquer l'air commun qu'on agite long-tems avec elle, & rendre même moins bon l'air déphlogiftiqué : elle doit donc phlogiftiquer en partie l'air fixe qu'elle abforbe. Comme cette abforption fe fait en peu de tems, & que l'eau n'a qu'un peu de phlogiftique, il ne doit y avoir qu'une petite partie de l'air fixe qui foit phlogiftiquée, comme on l'obferve en effet. C'eft par cette raifon qu'il s'en phlogiftique une plus grande partie, quand l'abforption fe fait lentement, ou quand on le traite im-médiatement par des procédés phlogiftiques.

Voici une expérience qui paroît décifive. J'ai fait abforber par l'eau une grande quan-tité d'air fixe ; j'ai précipité la chaux en terre calcaire avec cet air fixe. Ni l'eau ni la terre calcaire n'avoient certainement point ab-forbé ce réfidu de l'air fixe, qui naturelle-ment ne peut être abforbé. J'ai retiré l'air fixe de l'eau en l'agitant légerement, & de la terre calcaire par le moyen de l'huile de vitriol ; & j'ai trouvé le réſidu ordinaire d'air commun moins bon. Quand on pourroit ſoupçonner, ce qui n'eſt gueres probable, eu égard au léger mouvement qu'on imprime à l'eau pour en dégager l'air, que cet air commun exiſtoit d'abord dans l'eau, on ne pourroit pas faire la même objection contre l'expérience de la chaux.

C'eſt donc un fait conſtaté par l'expérience qu'il ne ſe trouve pas néceſſairement dans l'air fixe une portion d'air commun moins bon, & qu'elle ne commence à y exiſter que lorſque l'air fixe eſt diminué & qu'il s'y unit du phlogiſtique.

Après avoir, ainſi qu'il nous paroît, réſolu cette queſtion, qui pouvoit d'abord paroître plus curieuſe qu'utile, on peut maintenant en déduire un corollaire de la plus grande importance. Si ce réſidu d'air commun qui ſe trouve dans l'air fixe n'y exiſtoit pas d'abord, mais s'y eſt formé dans la ſuite par la ſimple agitation dans l'eau, il s'enſuit que l'air fixe peut devenir en partie de l'air commun ou de l'air reſpirable.

Quoique le moyen employé pour effectuer cette métamorphoſe merveilleuſe, paroîffe uniquement mécanique, puifqu'on peut l'obtenir avec l'eau diftillée la plus pure, je crois au contraire que tout s'opere par un principe purement chymique, & que le phlogiftique feul produit tous ces changemens. Il eft certain que l'eau diftillée elle-même peut phlogiftiquer les airs refpirables; par conféquent elle peut communiquer du phlogiftique à l'air fixe même. On verra ailleurs comment le phlogiftique peut rendre l'air fixe inaltérable par l'eau, & comment alors il peut le rendre air commun refpirable.

Après avoir ainfi éclairci la feconde queftion que j'ai propofée, je vais maintenant paffer à l'examen de la premiere fur l'air fixe qui fe trouve dans l'atmofphere.

Les Phyficiens modernes & les plus célebres Chymiftes penfent communément qu'il exifte une grande quantité d'air fixe dans l'atmofphere. Ils en donnent pour preuve, 1°. Que beaucoup de corps des régnes mineral, animal & végétal, pleins de ce fluide aëriforme, fe décompofent fur la furface de la terre. 2°. Qu'il fe trouve une grande quantité d'air fixe dans l'air commun, lorfqu'on le foumet aux procédés phlogiftiques, & ils expliquent la production de cet air par une précipitation chymique. 3°. Ils citent comme une preuve plus forte & favorable à leur hypothefe, ce qui fe paffe lorfqu'on expofe à l'air libre les fels alkalins cauftiques, & la chaux diffoute dans l'eau. Ces fels cryftallifent, la chaux devient terre calcaire, & les fels & la chaux fe trouvent abondamment pourvus d'air fixe. Il me femble cependant que toutes ces raifons ne fuffifent pas pour démontrer l'exiftence de l'air fixe dans l'atmofphere. Il eft vrai, pour répondre à la premiere difficulté, qu'il fe dégage continuellement des corps une grande quantité de cet air; mais il eft éga-lement vrai qu'une infinité de corps l'ab-forbent à l'inftant. L'eau qui couvre peut-être les deux tiers du globe, eft un des grands agens deftinés à cette abforption. Sans comp-ter les fleuves, les fontaines, les vapeurs & les eaux qui tombent fur la terre, les plantes elles-mêmes en abforbent comme elles en produifent, enforte qu'il n'y a point de de preuve que les corps qui l'abforbent ne foient pas en plus grand nombre que ceux qui le produifent, & qu'il n'y ait pas des principes plus actifs & plus nombreux pour l'abforber que pour le dégager.

J'obſerve encore que l'air fixe étant beaucoup plus peſant que l'air commun, ne peut
s'élever que très-peu dans l'atmoſphere, &
doit ſe trouver près de la terre. C'eſt ce que
l'on voit dans la *grotte du chien*, près de
Naples, où l'air fixe ne s'éleve gueres au-
deſſus d'un pied. L'on peut faire la même
obſervation dans les cuves où fermente la
biére; l'air un peu au-deſſus de la cuve eſt
pur & très-ſain : on le reſpire ſans aucune
incommodité. On l'éprouve de même dans
la grotte du chien, & quoiqu'il y ſorte de
la terre une ſource perpétuelle de cet air
méphitique, l'air de la grotte n'eſt pas
moins reſpirable, preuve que l'air fixe ne
ſe mêle pas avec l'air commun, & qu'il s'en
abſorbe à chaque inſtant autant qu'il s'en
produit. J'ai voulu examiner avec mon
évaëromctre la bonté de l'air commun près
du ſol, & à une plus grande élévation; je
n'y ai jamais trouvé la plus légere différence;
j'ai agité ces airs avec l'eau pure & avec l'eau
de chaux, ils ſe ſont comportés de même,
& l'un n'a pas été plus diminué que l'autre.

La curioſité m'a encore ſuggéré l'expérience ſuivante : j'ai mis dans une petite
chambre environ 20,000 pouces cubiques
d'air

d'air fixe ; les fenêtres & les portes étoient fermées. Pendant dix minutes, j'ai mis l'air de la chambre en mouvement avec un drap tendu ; au bout d'une demi-heure, j'ai rempli deux bouteilles d'air pris, l'un à cinq pieds du fol, l'autre à un demi-pied ; j'ai agité cet air avec l'eau : il n'a pas été diminué.

Il paroît donc que lors même qu'on mêle une quantité confidérable d'air fixe à une certaine quantité d'air commun, l'on ne trouve pas dans celui-ci, peu de tems après, les effets & les qualités de l'air fixe : preuve qu'il eft abforbé très-promptement par les corps étrangers.

Voici un autre argument qui paroît fans réplique. Si l'on agite pendant long-tems un pouce ou plus de teinture de tournefol dans un grand récipient plein d'air commun, dont la capacité foit de 7 à 800 pouces, le tournefol ne changera point de couleur. Qu'on change l'air commun tant qu'on voudra, & qu'on l'agite encore avec l'eau, le tournefol ne deviendra pas rouge pour cela : ce que la plus petite quantité d'air fixe opéreroit cependant à l'inftant. Cette expérience peut fervir à démontrer qu'il n'y a pas dans l'air commun même un millio-

H

nieme d'air fixe : quantité qu'on peut négliger dans les recherches préfentes, & qui
n'a aucun rapport avec les faits ci-deffus
rapportés par les Phyficiens.

Mais l'on dira peut-être que l'air fixe eft
uni à l'air commun d'une maniere particuliere, & qu'alors il ne manifefte plus fes
propriétés primitives. Si la premiere opinion
eft commune à tous les Phyficiens modernes,
celle-ci l'eft à la plus grande partie des Chymiftes & des Phyficiens. Il fuffira de nóm-
mer MM. Bergman & Scheele dans le nombre dés Chymiftes, & M. Prieftley parmi les
Phyficiens. Suivant l'hypothefe de ces fa-
vans, le phlogiftique ayant plus d'affinité
avec l'air commun, l'air fixe s'en fépare &
fe précipite ; mais ce raifonnement fuppofe
deux chofes, qui n'ont point encore été
démontrées ; l'une que l'air fixe foit tel
par décompofition ; l'autre, qu'il foit impoffible qu'il fe forme de l'air fixe dans ces
circonftances. Mais tout cela ne paroît pas
trop vraifemblable, fi l'on confidere qu'après
avoir mis un pouce d'air commun & un
pouce d'air fixe en contact avec le mercure,
on trouve, au bout de quelque tems, le
pouce d'air fixe avec toutes fes qualités
premieres.

L'expérience m'a démontré que si on expose l'eau distillée à l'air, elle s'impregne d'air déphlogistiqué, mais jamais d'air fixe. On sait cependant que l'air fixe a plus d'affinité avec l'eau que l'air déphlogistiqué.

Mais voici un argument qui paroît démontrer que l'air fixe qui se trouve dans l'air commun, s'y produit lorsque nous le trouvons dans cet air.

Les airs artificiels, qui n'ont jamais été ni air fixe, ni air commun, après avoir été agités dans l'eau, & rendus de nouveau respirables, manifestent l'air fixe comme auparavant, au moyen des procédés phlogistiques. Après en avoir retiré l'air fixe, & les avoir rendus de nouveau respirables par l'eau, ils donnent de nouvel air fixe. Il en est de même de l'air commun qu'on a dépouillé une premiere fois de son prétendu air fixe, & qui, rendu respirable une seconde fois, donne de nouvel air fixe, & ainsi de suite.

Il est donc évident que l'air fixe n'existoit pas dans ces airs qui ne furent jamais composés d'air commun, & qu'il s'est formé de nouveau par les procédés phlogistiques, dans l'air commun qui en avoit été dépouillé une premiere fois. Il ne paroît pas qu’on puisse recourir aux précipitations de l’air fixe, puisque, dans le premier cas, il n’y a jamais eu de composition semblable, & que, dans le second, si l’air fixe y existoit au commencement, il avoit ensuite été dégagé.

Ces observations nous fournissent une réponse à la difficulté des sels alkalins qui crystallisent en plein air, & de la chaux qui se sature d’air fixe : c’est l’argument le plus fort qu’on puisse faire en faveur de cette hypothese. Je ne trouve rien d’impossible à ce que par le contact continué, soit des sels alkalins, soit de la chaux avec l’air atmosphérique toujours en mouvement, il puisse se former de l’air fixe où il n’y en avoit pas d’abord, & que ces corps s’en saturent. On a vu plus haut combien il est facile de produire de cet air en mille circonstances. Il n’est pas prouvé que la chaux soit tout-à-fait privée de phlogistique, & le savant Magistrat de Dijon a démontré que l’alkali caustique contient abondamment de ce principe.

On en peut dire autant de la terre pesante & de la magnésie qui se saturent aussi lorsqu’elles sont exposées en plein air. Elles ne fe faturent pas de l'air fixe qui exiftoit d'avance dans l'atmofphere, mais de celui qui fe forme par le long contact de ces matieres diffoutes dans l'eau, qui n'eft jamais tout-à-fait dépouillée de phlogiftique.

Si je ne craignois d'abufer de votre complaifance, je vous parlerois de mille chofes importantes que j'ai trouvées dans le fecond Tome de votre illuftre ami.

Permettez-moi du moins de courtes réflexions fur quelques articles.

M. Bergman, en parlant de l'origine de l'air fixe, s'exprime en ces termes : *Modificationem acidi nitrofi credit Doct. Prieftley, imò & nitrofam & vitriolicam diverfas tantùm variationes effe urget ; nec refragabor fed fundamentum quo hæ nituntur adfertiones mihi valdè lubricum videtur.* Après avoir réfuté les raifons du Phyficien Anglois, il finit ainfi : *Alioquìn non diffiteor mihi haud improbabilem effe conjecturare de ortu acidi aerei & nitrofi, uti mox fufiùs explicabitur* (1).

Si cet homme célebre avoit connu mes expériences fur la décompofition totale de

____

(1) Opufc. Chem. & Phyf. T. H. p. 360.

l'acide nitreux en air fixe, en air phlogistiqué & en air commun, il auroit vu d'abord que ce qui, dans Priestley, n'est qu'une hypothese appuyée sur de faux principes, & une simple conjecture pour lui-même, étoit une vérité de fait. Mes expériences sur l'acide nitreux ont été faites à Paris, & je les ai communiquées alors à deux célebres Chymistes, MM. Darcet & Rouelle ; je les ai répétées depuis à Londres en présence de mon ami M. Ingenhousz. Leurs résultats ont été imprimés à Londres en 1779, & inférés dans l'Ouvrage de mon ami, qu'il a traduit lui-même en François l'année d'après, & publié à Paris sous le titre d'*Expériences sur les végétaux*. Il en parle à la page 115 de cet Ouvrage ; mais il ne dit rien de la méthode que j'ai adoptée, ni des quantités absolues & relatives des produits, ni des airs que j'ai obtenus.

Je ne connois aucun autre acide minéral qui se puisse réduire entierement en air simple, quoique je puisse tirer abondamment des airs de tous les autres acides, & que j'en aie réduit une grande partie à l'état d'air. Les acides végétaux, quelques-uns du regne animal, & les fossiles analogues aux végé

taux se réduisent aussi presqu'entierement
en air. Cette vérité importante fournit une
induction bien forte que tous les acides en
derniere analyse ne sont que de l'air ; ou
pour éviter toute dispute, je dirai que ces
acides se présentent sous la forme de fluides
élastiques aëriformes ; & que c'est l'effet ou
de l'addition ou de la souftraction de quelque substance, car je ne connois point
d'autre espece de transformation dans les
corps ; je me flatte d'avoir prouvé tout cela
dans plusieurs Mémoires sur les acides du
regne végétal & du regne animal, imprimés dans le journal de M. l'Abbé Rozier ;
mais il est tout-à-fait surprenant, & c'est
une chose toute neuve que l'on puisse
opérer les mêmes effets sur l'acide nitreux
qui est un acide minéral.

Mes expériences sur les végétaux ont fait
dire au célebre Traducteur de Bergman,
M. de Morveau, que l'air fixe est probablement l'acide universel tant cherché par les
anciens Chymistes & avec si peu de succès.
S'il eût aussi connu mes autres expériences
sur l'acide nitreux, il auroit pu donner un
plus grand degré de probabilité à cette hypothese, qui ne sera jamais portée au degré

d'évidence nécessaire en Physique, qu'après qu'il sera prouvé que tous les acides se réduisent entierement en air ; je dis entierement, parce que le peu d'air qu'on en retire par les procédés connus, ne forme aucune preuve, & laisse cette opinion dans le rang des hypotheses vagues, tant qu'elle n'est pas étayée de raisons suffisantes. Mes seules expériences sur tant d'acides que les Chymistes croyoient tout-à-fait différens entr'eux, fournissent du moins des inductions très-fortes ; au lieu qu'on ne pouvoit auparavant dire autre chose, sinon qu'il n'étoit pas démontré impossible que l'air fixe pût être l'acide primitif, l'acide universel : vérité stérile & presque nulle, qui ne pouvoit être admise par la Physique moderne.

Le desir de m'entretenir avec vous, & de parler des découvertes de votre illustre ami, me rend plus prolixe que je ne voudrois. Je passerai donc promptement à un autre point, qui occupe depuis quelque tems les Sectateurs de la Physique expérimentale, dans les mains desquels il s'est formé, depuis quelques années, une nouvelle branche de science, dont on espere

des avantages réels pour le salut public.
M. Bergman, en parlant des végétaux, page
369 de l'Ouvrage que nous avons cité, s'explique ainsi : *novimus vegetabilia in tenebris languescere & colore spoliari ; ita autem vitiata, radiis solaribus exposita, citò restitui. Scilicet lux constat materiâ caloris cum excessu phlogisti. Hic excessus primus absorbetur, & dein sensìm, licèt difficiliùs, etiam illud inflammabile secernitur, quod materiam constituit caloris. Nulla enim sine calore vegetatio, & hoc ipsum alterum principium, aer bonus laxatur : itaque, pro inæquali caloris gradu, pro variâ vegetabilium positione, respectu lucis & eorum diversâ lucem caloremque decomponendi virtute, non possunt non dissimiles oriri effectus. Imò aqua ipsa quæ purissima videtur, subtilissima non raró fovet corpora organica, visum fugientia, quæ in luce solari constituta, eamdem vegetando decomponunt, & bonum provocant aerem.*

J'ai cité ce passage tout entier parce qu'il contient une explication nouvelle des différens airs qu'on obtient, en exposant les végétaux à la lumiere & à l'ombre. Quant aux faits principaux sur cette matiere, je

m'en rapporte entierement aux belles expériences de mon ami l'illuftre M. Ingenhoufz,
à qui elles ont juftement mérité l'eftime des
véritables Phyficiens.

J'ai voulu encore éprouver mes forces fur
cette matiere fi vafte, qui a fait des progrès
fi rapides en peu d'années ; & après une infinité d'expériences variées de mille manieres
fur plus de 700 différentes plantes, je crois
être bien fondé à regarder cette matiere
comme encore nouvelle. Je crois pouvoir
affurer qu'en général les expériences rapportées jufqu'ici, par différens Auteurs, font
encore en trop petit nombre, n'ont pas été
affez variées, ni faites fur affez de plantes,
pour que les conféquences qu'on en a tirées
& les théories qu'on a imaginées pour les
expliquer, ne foient pas fufpectes & même
fauffes.

Depuis deux ans j'ai communiqué mes expériences à quelques-uns de mes amis, &
je les ai faites devant plufieurs perfonnes qui
m'honoroient de leur préfence. Il fuffira de
vous dire que dans les expériences fur les
plantes qu'on expofe au foleil, fi une feule
circonftance eft changée, *circonftance qui
les rapproche encore plus de leur état*

naturel, tout eſt changé, & que l'air qui devoit être ſain & déphlogiſtiqué, ſe trouve dangereux & nuiſible. Je ne vous en dis pas davantage, parce que j'eſpere publier avant peu mes expériences dans tout leur détail. Vous voyez par-là que tout ce que l'on a publié juſqu'à préſent ſur cette matiere, eſt généralement faux, ou pour mieux dire, n'eſt vrai que dans quelques cas; & que ces faits ſi limités *ne ſont pas même les plus naturels aux plantes, ce qui acheve de renverſer tout ſyſtême.* Quant au détail des expériences ſur les plantes expoſées au ſoleil & à l'ombre, on doit, comme je l'ai dit, conſulter l'excellent ouvrage de M. Ingenhouſz.

Je finis par vous aſſurer que ces corps organiques dont parle M. Bergman, & qui ſe trouvent dans l'eau & donnent de l'air pur lorſqu'on l'expoſe au ſoleil, ne ſont ſouvent que des animaux, & non pas des plantes, comme on l'avoit cru juſqu'ici. Ces animaux ſont de deux eſpeces différentes : l'une eſt compoſée de petits animaux ronds, preſque toujours en mouvement ; l'autre d'animaux en forme d'œuf, approchans de *celle des coſſes de feves ou de pois*, ayant peu de mouvement, mais beaucoup plus grands que les premiers. On trouve souvent les deux especes dans la même eau ; d'autres fois on n'y trouve que la premiere. L'espece ronde est la même qui se trouve dans les eaux stagnantes, & qui fait paroître leur superficie verte ou citrine. Ceux qui les ont observés au microscope, les ont pris pour de très-petites plantes ; mais il y a plus de dix ans que je me suis assuré que cette couleur ne peut pas être attribuée à des substances végétales, mais à de petits animaux, & que les Botanistes, ainsi que les Observateurs se sont trompés.

Souvent à la vérité, il se trouve dans les eaux exposées au soleil , indépendamment de ces deux especes d'animaux, d'autres petites plantes microscopiques , comme par exemple la *Tremella ;* mais vous savez que la Tremella est un corps organisé , doué de vie & de sentiment , ainsi que je vous le fis observer à votre passage à Florence , dans votre voyage d'Italie , & comme vous l'avez lu dans mes Ouvrages.

Mais quand bien même on ne considéreroit pas la Tremella comme un animal plante, on ne pourroit pas douter de la nature animale des deux autres especes.

Voilà donc la voie ouverte vers un phénomene fuperbe, auffi nouveau qu'inattendu.

Des animaux expofés au foleil dans l'eau, donnent de l'air déphlogiftiqué, comme le font les plantes les plus propres à produire cet air. Tous les animaux connus jufqu'ici, de quelle maniere qu'on les expofe au foleil & à l'air, ne donnoient que de l'air dangereux & méphitique.

Le régne végétal n'eft donc pas le feul deftiné à purifier l'atmofphere; il y a auffi des animaux qui produifent le même effet; bien qu'il foit vrai, comme on le verra par mes *Expériences fur les végétaux*, que la premiere propofition doit être limitée, malgré tout ce que les Phyficiens obfervateurs ont cru jufqu'ici; & qu'au contraire les plantes, obfervées comme je me flate de l'avoir fait dans leur état naturel, ou du moins dans un état plus approchant du naturel que celui dans lequel d'autres les ont obfervées, donnent de l'air dangereux & méphitique, quoiqu'expofées au foleil. Il faut excepter cependant les plantes graffes & fucculentes qui donnent de l'air déphlogiftiqué, même dans les circonftances où les autres en produifent de méphitique. Je crois m'être affez expliqué pour vous faire comprendre que mes expériences non-feulement renverfent les faits & les théories imaginées jufqu'ici fur cette matiere importante, mais qu'elles formeront une nouvelle branche de fcience encore inconnue aux Phyficiens, & qu'ils n'avoient pas même foupçonnée.

Résultats de différentes expériences fur l'élafticité des fluides aëriformes permanens fur le mercure.

Il m'a paru que ce feroit une recherche nouvelle & importante pour la Phyfique moderne de connoître les loix qu'obfervent & les efpaces qu'occupent les airs factices lorfqu'ils font diminués par des poids qui les compriment ; & de déterminer fi les denfités de ces fluides élaftiques feroient proportionnelles aux poids comprimans, comme elles le font dans l'air atmofphérique.

Pour plus grande facilité, j'ai imaginé de faire mes expériences dans la machine à comprimer l'air, & j'ai toujours comparé les efpaces occupés par les airs artificiels, à ceux qu'occupoit l'air commun, qui m'a toujours servi de terme de comparaison. Je me suis servi de deux cylindres de cryftal de 10 pouces de longueur & d'un demi pouce de diametre, bien calibrés par-tout, & fur lefquels le pouce étoit divifé en vingt parties.

La quantité des airs que j'y introduifois étoit conftante & occupoit huit pouces de hauteur dans les tubes. J'ai laiffé dans un des deux tubes, pendant tout le tems de mes expériences, la même quantité d'air commun : favoir, huit pouces de hauteur, & cet air a toujours été de même qualité. Les deux tubes étoient placés dans une taffe & plongés en partie dans le mercure l'un à côté de l'autre, de maniere qu'il étoit facile d'obferver, à travers le fort récipient de la machine de compreffion, les efpaces qu'occupoient les airs. J'avois foin que la chaleur fût toujours la même, & je comparois les diminutions des airs factices avec celles de l'air commun toutes les fois que ces airs étoient réduits à quatre pouces, à deux pouces, à un pouce.

I.

L'air commun s'eft trouvé moins compreffible que l'air déphlogiftiqué, de $\frac{1}{17}$.

I I.

L'air commun s'est trouvé moins compressible que l'air phlogistiqué, de $\frac{1}{100}$.

I I I.

L'air commun s'est trouvé moins compressible que l'air inflammable, de $\frac{1}{60}$.

I V.

L'air commun s'est trouvé moins compressible que l'air nitreux, de $\frac{1}{100}$.

V.

L'air commun s'est trouvé moins compressible que l'air fixe, de $\frac{1}{60}$.

V I.

L'air commun s'est trouvé moins compressible que l'air acide vitriolique, de $\frac{1}{32}$.

V I I.

L'air commun s'est trouvé aussi compressible que l'air acide marin.

V I I I.

L'air commun s'est trouvé moins compressible que l'air alkalin, de $\frac{1}{57}$.

I X.

L'air commun s'est trouvé moins compressible

preſſible que l'*air régal* tiré de l'étain, de $\frac{1}{100}$.

X.

L'air commun s'eſt trouvé moins compreſſible que l'air acide ſpathique, de $\frac{1}{30}$.

X I.

L'air commun s'eſt trouvé auſſi compreſſible que l'air arſénical.

X I I.

L'air commun s'eſt trouvé moins compreſſible que l'air hépatique, de $\frac{1}{45}$.

Le Chevalier Newton a démontré que ſi les particules d'un corps ſe repouſſent avec des forces réciproquement proportionnelles à leurs diſtances, elles compoſeront un fluide, dont la denſité ſera proportionnelle aux poids qui le comprimeront. La plûpart des Phyſiciens ont déduit de cette vérité mathématique, que l'air doit ſon élaſticité & ſa nature à une pareille force.

Nous avons ici douze fluides ou airs, outre l'air commun, dans leſquels ſe vérifie la loi fixée par Newton ; car on peut négliger les petites différences que l'expérience nous y a fait découvrir à cet égard, & l'air commun même ne ſuit pas rigoureuſement cette

I

loi ; & néanmoins ces douze airs sont bien éloignés de former un fluide élastique semblable à l'air commun, puisqu'ils sont même tous de nature tout-à-fait différente, tant entr'eux que relativement à l'air commun. Le théorême de Newton sert seulement à prouver que nos airs factices s'accordent bien avec l'air commun dans la propriété d'être élastiques, ou que cette force idéale de répulsion est suffisante pour représenter les phénomenes de l'élasticité des airs ; mais il ne prouve pas pour cela, qu'elle existe réellement dans les corps, & que ces fluides soient de la même nature & de même qualité que l'air commun. J'ai encore trouvé par expérience que les mêmes fluides aëriformes dont je viens de parler se dilatent dans le vuide, de la même quantité dont ils ont été condensés dans le plein, ou dans l'air comprimé.

Il doit cependant paroître singulier que tant de fluides si différens entr'eux observent une même loi de dilatation & de resserrement : cela feroit croire qu'il existe dans la nature une force physique, un principe encore inconnu aux Observateurs, par lequel les particules des corps, au moment

où elles deviennent respectivement élastiques & capables de demeurer telles sur
le mercure, sont écartées & repoussées
suivant les loix établies qu'on vient de voir;
& cette force paroît unique & toujours la
même, puisqu'elle produit les mêmes effets
sur tant de substances différentes ; & puisqu'elle les produit constamment en tout
tems & en tout lieu.

Il paroît qu'on peut aussi déduire cette
autre vérité : que l'élasticité n'est pas une
force essentielle & intrinseque dans l'air
atmosphérique, puisqu'on voit cette même
force, commune à tant d'autres fluides aëriformes qui sont si différens entr'eux.

Il resteroit à examiner si ce même principe qui rend élastiques tant de fluides aëriformes, est aussi la cause de l'élasticité de
tous les autres corps, même solides ; & ce
seroit une découverte importante pour la
Physique générale, & d'une grande simplicité. Quelques expériences que j'ai faites
sur l'ivoire, sur le verre, & sur l'acier...
me font soupçonner, que l'élasticité de ces
corps est sujette aux mêmes loix, que par
conséquent le principe est encore le même,
& que la différente élasticité dans les diffé-

rens corps peut dériver des divers contacts des molécules qui les composent. Mais il me reste encore beaucoup à faire pour savoir quelle est la véritable nature de ce principe général, & comment il rend les corps élastiques ; quoique beaucoup d'expériences que j'ai faites me mettent dans le cas de me flatter que cette découverte n'est pas tout-à-fait impossible.

Il est à propos de dire un mot sur l'air que j'ai appellé *régal*, & dont peu de personnes peuvent connoître les principales propriétés, ou même savoir seulement ce que c'est. Je trouvai la maniere de faire cet air à Londres en 1778, & je le retirai de l'étain par le moyen de l'eau régale.

Je trouvai dans le même tems un autre air pareillement produit par le moyen de l'eau régale, & qu'on retire tant de la platine que de l'or, & je l'appellai dès-lors *air de la platine*. On obtient ce second air quand la dissolution de la platine ou de l'or commence à se sécher. Ces deux airs ont des propriétés singulieres que je ferai connoître dans mon Ouvrage *sur les airs en général*. Je n'ai déterminé ni la pesanteur ni l'élasticité des airs de la platine & de

l'or, par les raisons que j'en donnerai alors.
J'ai seulement consenti à ce que M. Fabroni,
mon compagnon de voyage, parlât de ces
deux nouvelles especes d'air dans les notes
qu'il a ajoutées au *Cronsted* qui devoit être
publié à Londres dès l'année 1779, & qu'il
déposa en manuscrit dans les mains de notre
respectable ami commun M. Kirwan.

Dans l'Ouvrage que je dois publier *sur les
airs*, j'examinerai, au flambeau de l'expérience, les singulieres propriétés de ces
deux nouveaux airs ; & parmi beaucoup
d'autres recherches relatives aux autres airs
en général, je déterminerai spécialement si
leurs dilatations font proportionnelles aux
différens dégrés de chaleur, & de combien
elles s'en écartent. Ces expériences font très-
délicates, & exigent beaucoup de précautions dans leur exécution. J'ai voulu aussi
fixer les loix des dilatations des fluïdes aëriformes exposés au même degré de chaleur,
& j'ai obtenu des résultats qui ne font pas
trop uniformes avec ceux qu'a publiés,
l'année derniere, l'illustre M. Achard, dans
les Actes de Berlin ; je trouve encore une
plus grande différence dans les pesanteurs
respectives des différens airs qu'il a aussi

publiées ; & je ne puis cependant foupçon-
ner aucune erreur dans la méthode que j'ai
pratiquée.

Les réfultats des expériences que je fis
à Londres, en 1778, fur la pefanteur des
airs naturels & factices, fe trouvent dans
un Mémoire de M. Kirwan, *fur la quantité de molécules acides que contiennent les
acides ordinaires*, qui a été publié l'année
derniere dans les Tranfactions philofophiques de la Société Royale de Londres.
Ces expériences fe trouveront de nouveau
répétées dans mon Ouvrage *fur les airs*,
afin que les poids refpectifs de tous ces
fluides foient déterminés avec encore plus
de précifion.

PRINCIPES GÉNÉRAUX
De la folidité & de la fluidité des Corps.

I.

TOUTE particule de matiere tend à s'approcher d'une autre par le principe d'attraction ; & de cette force réfultent les
corps folides.

II.

S'il ne régnoit que cette feule force dans
la nature, tout feroit folide & immobile.

III.

S'il existe des corps fluides, ils ne peuvent être rendus tels que par un autre principe, ou force opposée à la premiere ; d'où il suit que si la premiere force tend à rapprocher les particules de la matiere, l'autre doit nécessairement les éloigner.

IV.

Tous les corps fluides deviennent solides dans le froid, & le froid naturel de la Sibérie rend solide le mercure lui-même.

V.

Tous les corps solides deviennent fluides dans la chaleur, & cet effet peut augmenter avec elle au point qu'ils y soient réduits en vapeurs invisibles : d'où l'on voit que la matiere de la chaleur, quelle qu'elle soit, & de quelque maniere qu'elle puisse être modifiée dans les diverses circonstances où se trouvent les différens corps, est le second principe actif qui regne dans la nature ; & nous l'appellerons force expansive, parce qu'elle tend à écarter l'une de l'autre les parties qui composent les corps.

VI.

Les fluides même les plus pesans se difsipent en un instant, lorsqu'on ôte ou qu'on diminue les résistances externes, comme on le voit dans une goutte d'eau & même de mercure, mise dans le vuide. La force expansive qui existe dans ces fluides est donc dans une action ou dans un *effort* continuel, & elle est plus grande que la force d'attraction qui tendroit à les rendre solides.

V I I.

La force expansive dans les fluides n'est pas inférieure à leur force de pesanteur, puisque si l'on diminue seulement la pression extérieure sur ces mêmes fluides, ils se dissipent en vapeurs, & sortent des corps dans lesquels ils se trouvent.

V I I I.

L'air commun, l'air fixe, les substances spiritueuses & moins pesantes, mises dans d'autres plus pesantes (comme par exemple dans l'eau), l'air même qui a été absorbé par le charbon, pourront sortir des corps tant fluides que solides dans lesquels ils se trouvent, non pas parce qu'ils sont élastiques dans ces corps, mais parce que la pression extérieure étant diminuée, la force expansive prévaut sur la pesanteur, &

les heurte, les pousse & les chasse de ces mêmes corps dans toutes les directions.

I X.

La fluidité dans les corps peut être considérée comme un état qui leur est accidentel, puisque le Physicien parvient à la leur ôter à tous, si ce n'est à l'air ; qui cependant, à consulter l'analogie, ne peut faire une exception aux autres fluides, quoique le degré de froid qu'il faudroit pour cet effet doive être beaucoup plus grand que celui qu'exigent les autres fluides.

X.

Cette force expansive commune aux fluides & aux solides, peut être une des causes principales & primitives des évaporations ordinaires., & produire jusqu'aux évaporations des corps solides en détachant & soulevant leurs molécules imperceptibles ; puisqu'une molécule presqu'isolée peut très-bien être considérée comme soumise à la force expansive.

X I.

On voit de cette maniere, qu'il faut considérer dans les fluides deux forces : l'une de peſanteur, l'autre d'expanſion ; & c'eſt de ces deux principes qu'on doit partir pour rendre raiſon des qualités & des loix qu'on obſerve dans ces ſortes de corps.

X I I.

Les fluides non élaſtiques comme l'eau, le mercure . . . . . ne ſont pas ſenſiblement compreſſibles, du moins par les méthodes qu'on pratique ordinairement. Ils ſont également incompreſſibles lors même qu'ils ſont pénétrés par la chaleur ; & l'on ſait qu'ils ſe dilatent ſenſiblement à meſure que la chaleur augmente auſſi d'une maniere ſenſible.

X I I I.

On peut expliquer le ſingulier phéno-mene de l'incompreſſibilité des fluides non élaſtiques & dilatés par la chaleur, ſans ſuppoſer une force infinie dans la matiere de la chaleur, comparée avec les preſſions extérieures. La ſeule variation des contacts & des ſituations des molécules incompreſ-ſibles ſuffit pour cet effet. Ces molécules pouvant au moyen de la chaleur introduite occuper de plus grands eſpaces qu'auparavant, & conſerver cependant leur continuité de contact, pourront réfister à toutes les preffions externes, lefquelles n'exerceront aucune action contre la matiere de la chaleur. Par de plus grands efpaces, je n'entends autre chofe, finon qu'il fe trouve un moindre nombre de molécules dans un feul & même efpace.

X I V.

La force des vapeurs provient d'une grande quantité de la matiere de la chaleur qui leur eft unie dans cet état. On a découvert dans ces derniers tems, que la matiere de la chaleur qui eft dans tous les corps, n'y eft diftribuée ni en raifon des volumes, ni en raifon de la quantité de matiere, mais felon les qualités & la nature diverfes des différens corps. On a encore trouvé que les corps en paffant de l'état de fluides à celui de folides, perdent une très-grande quantité de chaleur, & qu'au contraire ils en acquierent autant lorfque de l'état de folides ils redeviennent fluides. L'eau par exemple perd 58 degrés de chaleur (1) dans l'acte de la congélation, & la glace en acquiert auffi 58 dans l'acte du

____

(1) Au thermometre de Réaumur.

dégel : ainſi mille autres expériences ont fait voir que les corps contiennent une très-grande quantité de matiere de la chaleur, que cette chaleur eſt ſaiſie par ces molécules déliées dans l'acte où elles deviennent vapeurs, & qu'elles la perdent lorſqu'elles reviennent à former les mêmes corps qu'auparavant. Chacun connoît la force des fluides réduits en vapeurs, & l'on ſait ce que peuvent quelques gouttes d'eau ou de mercure, auxquelles il paroît que rien ne peut réſiſter ; on n'ignore point non plus la force prodigieuſe de la chaleur qui heurte & pouſſe tous les corps dans toutes les directions ; de ſorte qu'on ne doit pas trouver ſurprenant qu'une matiere auſſi active que celle de la chaleur s'uniſſant en ſi grande quantité aux vapeurs, & s'y uniſſant dans l'inſtant comme elle fait, ces vapeurs ſurmontent tous les obſtacles.

X V.

Les vapeurs ſont aiſément comprimées, ou bien, les fluides incompreſſibles réduits en vapeurs ſont faciles à comprimer. Toutes les expériences nous aſſurent de cette vérité ; & il ſuffit d'appliquer à la vapeur une force plus grande que celle qu'elle a de fe dilater, pour la réduire fous un moindre volume.

XVI.

Nous avons dit pourquoi les fluides font incompreffibles, quoique plus ou moins pénétrés par la chaleur. La même caufe ne peut avoir lieu en aucune maniere dans les vapeurs, parce qu'il eft facile de prouver que leurs molécules ne fe touchent nulle-ment, à la différence de celles des fluides; & l'on peut même prouver qu'il eft telle vapeur dans laquelle les particules font des centaines de milliers de fois plus écartées que dans d'autres. L'eau réduite en vapeurs peut occuper un efpace 20,000 fois plus grand qu'auparavant. Il n'eft donc pas ex-traordinaire que les vapeurs puiffent être comprimées, puifqu'elles ne préfentent à vaincre que la feule force expanfive de la chaleur.

L'on voit par-là combien eft précaire l'hypothefe de ces Phyficiens, qui ont ima-giné une force de *répulfion* dans les molé-cules des vapeurs, par la feule raifon qu'ils ne favoient expliquer autrement les effets de ces mêmes vapeurs. Il en coûte peu au Mathématicien d'imaginer des forces en raison des phénomenes, & de se figurer que les unes commencent d'opérer là où les autres finissent, & qu'elles se changent de répulsives en attractives, & d'attractives en répulsives selon les besoins. Mais avant tout, il faut prouver que de pareilles forces existent vraiment dans ces circonstances & dans ces cas donnés, & qu'elles sont dans un rapport exact avec les effets que l'on veut expliquer. La force des fluides réduits en vapeurs, comme l'eau, le mercure.... dérive donc de la matiere de la chaleur qu'elles ont absorbée dans cet état, & non pas de la force de répulsion qui change les distances de ces molécules imperceptibles. La force des vapeurs s'accroît à mesure que la chaleur augmente ; & au moment où la chaleur cesse, elles accourent recomposer le corps fluide qu'elles formoient auparavant.

X V I I.

Nous avons examiné les corps solides, les corps fluides & les corps sous forme de vapeurs, & nous avons cherché à assigner les causes de leurs différens états. Il nous reste maintenant à examiner une autre forte de fluides qui méritent une diftinction particuliere, qui forment aujourd'hui une des plus vaftes branches de la Phyfique, & qui font l'objet des opérations les plus délicates de la Chymie. Ces fubftances fe préfentent fous la forme d'air élaftique, tranfparent, compreffible, que le froid & la chaleur condenfent & dilatent, mais qui n'eft pas réductible à un état primitif de liquidité.

X V I I I.

Ces fluides aëriformes peuvent être rangés fous trois claffes principales ; tous ont la propriété générale d'être permanens fur le mercure, mais non pas fur l'eau ou fur d'autres fubftances liquides. Les uns font fujets à être abforbés en entier par l'eau, les autres feulement en partie, & d'autres point du tout. Les premiers font l'air acide marin, l'air acide vitriolique, l'air alkalin, l'air fpathique . . . . . . & ceux-ci forment la premiere claffe. Nous mettrons dans la feconde l'air fixe, dont l'eau n'abforbe qu'un volume égal au fien. Il faut placer dans la troifieme l'air nitreux, l'air inflammable, l'air refpirable très-pur, & l'air phlogiftiqué.

Il faut cependant faire attention que ces fluides aëriformes ne different entr'eux que du plus au moins, dans leur propriété d'être abſorbés par l'eau. Car j'ai éprouvé par expérience que ceux même qui ne ſont point abſorbables ſont plus ou moins abſorbés quand on les met en contact avec de l'eau privée de ſon air naturel ; & j'ai même trouvé par des expériences particulieres qu'ils ſont très-bien abſorbés ſi on les tient long-tems en contact avec de l'eau, quoiqu'elle ſoit ſaturée de ſon air naturel, comme je le ferai voir dans un autre Ouvrage.

X I X.

On a vu que la chaleur réduit en vapeurs les liquides ; mais on a vu auſſi qu'à peine la chaleur a-t-elle ceſſé que les vapeurs forment de nouveau les mêmes liquides. Il y a donc, outre la chaleur, quelqu'autre principe qui rend permanens dans le froid les fluides aëriformes. Il n'eſt pas difficile de prouver que ce principe eſt ce que les Chymiſtes appellent phlogiſtique, & dont mille phénomenes de compoſitions & de décompoſitions des corps démontrent

avec

avec la derniere évidence l'exiſtence & les propriétés.

X X.

On peut démontrer que les airs de la premiere claſſe contiennent de ce principe, & que plus ils en ont, moins l'eau peut les abſorber ; mais ils n'en ſont cependant pas entierement ſaturés, & ils conſervent encore une partie de leur nature primitive. Le ſeul air nitreux peut être regardé comme ſaturé de phlogiſtique. L'acide nitreux dans cet air eſt tellement ſaturé de ce principe, qu'il n'y manifeſte point ſa nature acide, ſi ce n'eſt dans les circonſtances que j'ai marquées dans mon Ouvrage *ſur l'air nitreux*. Et c'eſt parce que l'air nitreux eſt parfaitement ſaturé de phlogiſtique, qu'il n'eſt point ſujet à être abſorbé par l'eau ; au lieu que tous les autres fluides élaſtiques conſervent encore, du moins en partie, leurs qualités primitives par leſquelles ils ont plus d'affinité avec l'eau qu'avec le phlogiſtique. D'où il ſuit que dès qu'ils ſont en contact avec l'eau, ils redeviennent comme auparavant fluides non élaſtiques.

X X I.

L'air fixe contient du phlogiſtique & un

acide très-subtil & foible, différent de tous les autres acides connus ; aussi est-il moins absorbé par l'eau que les airs de la premiere classe, & plus que ceux de la troisieme.

XXII.

L'air nitreux est composé de phlogistique & d'acide nitreux parfaitement saturés, d'où l'on conçoit pourquoi l'eau ne l'absorbe point. Les autres airs de cette derniere classe ne sont pas encore bien connus, c'est pourquoi l'on ne peut prononcer que fort peu ou rien sur leur compte.

XXIII.

L'air inflammable a sûrement le phlogistique au nombre de ses parties constituantes, mais on ne peut rien dire des autres principes dont il doit pourtant être aussi composé. L'air inflammable ne s'enflamme jamais seul ; il éteint au contraire les lumieres, & même les charbons ardens ; mais il s'enflamme & brûle s'il est mêlé avec l'air commun. Il faut donc le considérer comme une substance combustible comme toutes les autres ; mais plus pure & plus simple que la flamme ordinaire des autres corps combustibles, qui ne brûlent jamais non plus fans le concours de l'air respirable, ou dans le vuide; & peut-être rien ne brûle & ne s'enflamme dans les corps, que l'air inflammable ou ses parties constituantes qui se trouvent dans les corps combustibles. La grande légereté de l'air inflammable feroit croire qu'il est composé de quelque principe très-subtil & sec, qui n'a que très-peu ou point d'affinité avec l'eau, mais qui est parfaitement incorporé avec le phlogistique; de sorte qu'il seroit facile de concevoir pourquoi cet air n'est point sujet à être absorbé par l'eau. Mais il n'est pas facile d'imaginer des expériences capables de décomposer cet air & de faire juger de la nature de ses parties constituantes. J'ai autrefois entrepris ce travail, mais je suis loin de pouvoir prononcer avec assurance. On obtient communément cet air au moyen des acides; mais on peut aussi l'obtenir par les substances alkalines, & on le retire même des métaux par la seule action du feu. L'on démontre d'ailleurs qu'il n'existe point sous la forme d'air dans les métaux, puisqu'on ne le retire point du fer au moyen de l'acide nitreux.

K 2

XXIV.

Le feu ou la flamme n'est pas une pure opération méchanique, comme l'ont cru jusqu'à ces derniers tems la plûpart des Physiciens. L'obstination de ne vouloir employer, pour l'explication des phénomenes naturels, que des principes déduits des loix les plus simples du mouvement & des chocs connus que reçoivent mutuellement les corps, a retardé de près d'un siecle les progrès de la Physique. Mais heureusement depuis peu cette science a reçu une extension dont elle ne paroissoit pas même susceptible ; & elle la doit à la seule Chymie, par laquelle deux hommes supérieurs (1) ont acquis les plus grands droits à l'estime de la postérité.

La flamme, ou le corps qui brûle est dans un état de décompositions & de nouvelles combinaisons, lesquelles varient à l'infini suivant que different la nature & les principes constituans des corps combustibles. Il ne se forme jamais de flamme sans air, & il n'y a point d'autre air pour la flamme que l'air respirable. Par ces décompositions mul-

____

(1) MM. Bergman & Scheele.

tiples, la matiere de la chaleur eſt dégagée; & il eſt très-vraiſemblable que c'eſt dans le même tems, que ſe dégage ou que ſe préci- pite la matiere qui forme la lumiere, laquelle lumiere ſe répand rapidement tout autour des corps & les rend viſibles. La lumiere terreſtre ou des corps combuſtibles eſt fort analogue à la lumiere du ſoleil, & l'une & l'autre rendent les corps viſibles ſans qu'il ſoit beſoin d'air.

X X V.

La flamme eſt donc, ſelon moi, une opé- ration toute chymique, dans laquelle ſe font continuellement des décompoſitions & des recompoſitions entre l'air pur de l'at- moſphere & le phlogiſtique des corps com- buſtibles. De cette rencontre des particules des matieres combuſtibles avec l'air, s'en- ſuivent mille nouvelles modifications rela- tives à la nature diverſe des corps.

Par modification de ſubſtances & de corps, je n'entends autre choſe que de ſimples décompoſitions de corps plus com- poſés, & des recompoſitions d'autres plus ſimples, parce que je ne connois dans la Phyſique & dans toute la Chymie aucune

K 3

expérience, aucun fait certain & lumineux, qui prouve qu'un corps ait proprement changé fa nature primitive pour une autre effentiellement différente. De pareilles métamorphofes font, il eft vrai, continuellement fuppofées par les Phyficiens qui n'ont pas convenablement examiné les propriétés naturelles des corps, & qui ont pris un changement apparent & accidentel dans les corps pour un changement réel de leur nature, ou, ce qui eft pire, qui abufant du mot *changement*, ont confondu les altérations nées de la diminution ou de l'augmentation des principes avec le changement de nature des corps mêmes. Il n'eft encore donné à l'homme que de décompofer un certain nombre limité de corps compofés, en d'autres plus fimples, & de recompofer un nombre encore plus limité des premiers; & en cela le Phyficien ne fait que feconder la nature, qui tend à rendre plus fimple ce qui eft plus compofé, & plus compofé ce qui eft plus fimple.

X X V I.

La matiere électrique n'eft certainement pas un principe fimple, comme l'ont cru la plûpart des Phyſiciens ; mais c'eſt une vraie flamme ou ſubſtance en combuſtion : on voit en effet qu'elle eſt toujours accompagnée d'une forte odeur comme de phoſphore & de ſoufre. On ſait qu'elle s'éteint dans le vuide parfait, comme s'y éteignent toutes les autres flammes ou corps en combuſtion. On n'ignore plus qu'elle diminue les airs reſpirables, comme le font tous les airs phlogiſtiques & la flamme même ; elle change en rouge la couleur du tourneſol, précipite la chaux en terre calcaire, & cryſtalliſe les ſels végétaux cauſtiques, quand on la fait paſſer à travers l'air dans des tubes de verre, même au moyen de conducteurs d'argent le plus pur. La lumiere de l'électricité eſt d'ailleurs en tout ſemblable à celle de toutes les autres flammes, & rend auſſi les corps viſibles, ſans qu'il ſoit beſoin d'air, de même que le fait la lumiere du ſoleil. Ces trois effets, du tourneſol, de la chaux & des ſels cauſtiques, n'ont jamais lieu lorſqu'on ſe ſert d'air phlogiſtiqué, & ils ceſſent dans l'air commun dès qu'il a acquis la nature d'air phlogiſtiqué. L'électricité produit donc ſur l'air commun tous les mêmes effets que produit le phlogiſtique ou la flamme actuelle.

K 4

J'ai auffi rapporté à un principe de véritable flamme, la lumiere qu'on obferve dans les phofphores; & j'ai donné, dès le tems où j'étois à Londres, des preuves directes de mon opinion à ce fujet, comme on peut le voir dans les ouvrages publiés dans cette Ville par MM. Wilfon & Kirwan. De cette maniere, non-feulement l'électricité, mais encore les autres fubftances lumineufes comme les phofphores…. feroient réduites à un même principe; enforte que la famille des corps combuftibles & inflammables comprendroit un plus grand nombre de fubftances qu'auparavant. On fait après tout, que les efforts des Phyficiens, & ce qu'on appelle la fcience des corps, fe réduifent à généralifer les phénomenes.

X X V I I.

Il nous refteroit à examiner l'air pur qu'on appelle auffi air *déphlogiftiqué*, que l'eau n'abforbe point; mais nous ne déciderons rien pour le préfent fur la véritable nature & fur les parties conftituantes de cet air, quoique les propriétés principales qui le diftinguent facilement de tous les autres, foient fuffifamment connues.

Les uns le croient très-imprégné de phlogistique, & les autres l'en croient entierement privé. S'il n'y a point de preuves certaines qui démontrent qu'il soit entierement exempt de phlogistique, il y en a beaucoup moins qu'il soit chargé de ce principe. Il est vrai que l'eau ne l'absorbe point, mais outre que la plus petite quantité de phlogistique seroit peut-être suffisante pour cet effet, l'autre principe dont il est composé, s'il est réellement un *composé*, pourroit n'avoir aucune affinité avec l'eau, & ne point se laisser dissoudre par ce liquide. Tout concourt cependant à faire croire qu'il se trouve dans l'air déphlogistiqué une très-grande quantité de feu, ou de matiere de la chaleur, laquelle unie aux autres parties constituantes de cet air, rend le tout incapable d'être absorbé par l'eau. Cet air avide de phlogistique l'enleve à tous les corps où il se trouve, quand ils ont moins d'affinité que cet air avec ce principe. L'on peut expliquer par-là pourquoi il décompose l'air nitreux & non pas l'air inflammable. Il suffit que le phlogistique du premier, lui soit uni avec moins de force.

XXVIII.

L'air appellé *phlogiftiqué* eft auffi fort peu connu; plufieurs le regardent comme faturé de phlogiftique ; d'autres le croient dénué de ce principe. Il a des qualités bien différentes de celles de l'air inflammable, car il ne s'enflamme pas même lorfqu'il eft uni avec l'air pur, & il éteint au contraire les lumieres. On ne peut rien prononcer fur fa nature & fur fes parties conftituantes, & il paroît fe dérober à toute efpece d'analyfe ou de décompofition.

XXIX.

On a vu que l'air inflammable eft compofé de phlogiftique, & que lorfqu'il eft renfermé dans des vaiffeaux de cryftal d'Angleterre, il en réduit le verre de plomb en métal. Mais les deux airs dont il eft parlé ci-deffus, favoir l'air déphlogiftiqué & l'air phlogiftiqué, ne produifent point du tout cet effet ; de forte qu'on ne peut en obtenir aucun figne certain de l'exiftence du phlogiftique, quoiqu'il foit cependant vrai que ces deux airs different effentiellement entr'eux, l'un entretenant la vie & la flamme, & l'autre faifant tout l'oppofé. Le premier fe

laisse diminuer par tous les procédés phlogistiques, & l'autre par aucun, si ce n'est par
le charbon éteint dans le mercure & refroidi, lequel, comme on l'a vu, diminue
& détruit tous les airs.

X X X.

Je finirai par une réflexion générale sur
l'élasticité des fluides aëriformes & sur ses
conséquences. L'élasticité dans les fluides
permanens diminue en raison inverse des
espaces qu'ils occupent, ou en d'autres mots,
leur force élastique est d'autant moindre
qu'ils occupent un plus grand espace.

On ne voit pas ce qui pourroit limiter
cette force expansive des fluides aëriformes,
si ce n'étoit l'attraction terrestre qui agit sur
toutes les moindres molécules des corps,
& par laquelle ils tendent perpétuellement
vers la terre. L'air atmosphérique, par exemple, pourroit très-bien s'étendre jusqu'à la
lune, & remplir les espaces célestes; mais
l'attraction en fixe les limites, qui doivent
se trouver là où les molécules de l'air sont
attirées par la terre avec autant de force
qu'elles en ont, en vertu de son expansibi-

lité naturelle, à s'écarter l'une de l'autre &
à se dilater.

Le calcul pourroit déterminer facilement
ces limites dans les deux hypotheses que
nous avons proposées, & le problême seroit
susceptible d'une certaine précision physique. On pourroit encore tenir compte de
la force centrifuge que donne la rotation
de la terre aux particules de l'air. La chaleur
ne peut altérer sensiblement les loix de l'é-
lasticité, parce qu'elle est très-petite & uni-
forme dans les plus grandes distances, &
les vapeurs ne parviennent jamais qu'à une
certaine hauteur.

La force expansive de l'air commun doit
être considérée comme une force qui ne
cesse jamais entierement, quoiqu'elle diminue rapidement ainsi que je l'ai dit. On
pourra donc la considérer comme infiniment petite dans les plus grandes dilatations
de l'air. Dans l'hypothese que les molécules
de l'air ne fussent pas attirées par la terre,
l'atmosphere ne pourroit exercer aucune
pression sensible sur les corps qui sont sur la
superficie de la terre, de sorte que l'air en
tant qu'élastique ne pourroit produire aucun
effet sensible sur les corps inférieurs. Mais si

l'on veut suppofer que l'air eft attiré par la terre, comme il l'eft en effet, chaque couche d'air pefera fur celle qui lui eft inférieure, enforte que les couches les plus baffes feront les plus preffées & les plus élaftiques, & l'élafticité & la pefanteur feront dans le même rapport.

La pefanteur de l'air, & non pas fon élafticité, eft donc la caufe primitive par laquelle l'atmofphere eft limitée, & par laquelle elle preffe fur la furface de la terre; de la même maniere qu'une fuite de refforts placés les uns fur les autres prefferoient contre les corps qui feroient deffous, en raifon de leur nombre & par la feule force de leur poids, quoiqu'il fût vrai d'ailleurs que leur élafticité feroit en proportion de ce même poids.

Il n'eft pas difficile de voir maintenant ce que feroit la chaleur ou tout autre agent qui s'infinueroit entre ces refforts, & comment on doit expliquer les altérations accidentelles qui ont lieu dans l'atmofphere.

LETTRE III.

A Monsieur le Duc de Chaulnes à Paris.

Florence le 2 Décembre 1782.

JE devrois commencer par vous faire mille excuses de ce que j'ai différé jusqu'ici de répondre à la derniere lettre que vous avez daigné m'écrire avec tant de bonté & d'amitié; je n'ai cependant d'autres excuses à vous offrir que mes occupations & mon peu de santé qui ne me laissent que peu de momens libres, dans lesquels je puisse m'appliquer à ces études chéries que nous avons cultivées ensemble à Paris, quand j'avois l'honneur de vous voir si souvent dans votre superbe laboratoire aux nouveaux boulevards. Ce n'est pas que je n'aie fait quelques tentatives dans ces derniers tems ; mais les momens dont je puis disposer sont si courts que quand je parviens à faire quelque chose, il ne me reste pas assez de loisir pour le mettre sur le papier. La matiere que j'ai pu suivre avec le plus d'assiduité depuis mon retour en Italie, est la *chaleur cachée*, &

tout ce qui peut avoir du rapport avec la chaleur en général, & spécialement avec la chaleur animale.

Dès le tems où, étant à Londres, je commençai à m'appliquer à ce sujet qui fait tant d'honneur à l'Angleterre, je m'apperçus qu'il falloit penser à faire quelques changemens dans les thermometres ordinaires. Ramsden, ce fameux Artiste, à qui l'Astronomie & la Physique instrumentale ont tant d'obligation, avoit déjà substitué aux thermometres ordinaires, des thermometres d'un très-petit diametre, & à boules presque imperceptibles, & il avoit trouvé qu'en les plaçant sur une lame d'ivoire très-mince, on pouvoit facilement observer les hauteurs de la colonne du mercure. Ces thermometres, commodes en bien des cas, n'étoient cependant pas praticables dans beaucoup d'autres, & l'on ne pouvoit s'en servir dans les acides & avec d'autres matieres. Je proposai à M. Ramsden de marquer les degrés de chaleur sur le tube même avec un diamant; ce qu'il fit aussi-tôt, mais au moyen d'une lime très-fine. Il me donna deux thermometres gradués de cette maniere, & je m'en servis à Londres principalement pour faire mes expériences fur la *chaleur cachée*. Ces expériences ont été faites dans la maifon où je demeurois alors. J'y eus pour affiftant M. Fabroni , mon compagnon de voyage , & je les fis en préfence d'un excellent Phyficien , mon grand ami , M. Kirwan , à qui j'en laiffai la détail à mon départ, pour qu'il en fît l'ufage qu'il trouveroit bon. La plus grande partie de ces expériences, que j'avois faites fur les communications & les abforptions de la chaleur, ont été publiées dans un Ouvrage intitulé : *Effai du feu élémentaire par J. H. Magellan. Londres ,* 1780. *Pag.* 177 ; & elles ont été rédigées par mon refpectable ami. M. Kirwan , qui avant mon départ de Londres eut la complaifance de m'en donner une copie écrite de fa propre main , que je conferve encore.

Je dois vous informer que dans ces expériences je faifois entrer dans le même vaiffeau les différentes fubftances que j'examinois ; c'étoit une bouteille de flintglafs fort pefante , qui approchoit de la figure fphérique ; elle avoit un goulot étroit , par lequel elle recevoit le thermometre , lequel demeuroit fufpendu par le moyen d'un liége

traverfé

traversé par le tube, & adapté à l'orifice de la bouteille, afin d'empêcher efficacement l'évaporation des matieres qui pouvoit altérer l'expérience.

Je ne sais si après mon départ de Londres M. Ramsden a fait pour d'autres personnes des thermometres gradués sur le tube, de la maniere que je lui avois proposée. A mon retour en Toscane, je me suis appliqué à construire une suite de thermometres avec des boules si petites, qu'il en est dont le diametre est à peine d'une ligne de Paris, quoique le tube soit de huit, dix pouces & plus. Je ne saurois vous dire assez combien ces thermometres sont utiles en général dans la Physique & dans la Chymie, attendu la facilité qu'ils ont de sentir dans le moment les moindres impressions de chaud & de froid, & de les perdre l'instant d'après. Dans mes deux thermometres exécutés par Ramsden, je trouvois l'inconvénient très-grave d'être obligé de bien saisir à la vue la hauteur précise de la colonne du mercure dans le tube, pour la rapporter ensuite à la division en degrés, & au nombre marqué sur le tube. L'œil le plus perçant & le plus exercé pourroit facilement se tromper. J'a-

L

vois conseillé à Ramsden d'employer des tubes fort gros, afin qu'il y eût un espace sensible pour la division & pour les nombres. Mais outre que nous n'avions rien gagné relativement à la difficulté de bien déterminer la colonne de mercure, la grosseur du tube & son diametre encore trop grand dans les deux thermometres de Ramsden, apportoient une altération réelle & incommode dans les résultats de toutes les expériences. Après diverses tentatives, je réussis enfin à surmonter le plus grand obstacle, qui étoit la colonne du mercure, & de la rendre visible sur le champ, lors même que la boule du thermometre n'auroit eu qu'une seule ligne de diametre. Je trouvai par expérience qu'il n'est point difficile de voir le mercure à toutes les hauteurs ou à tous les degrés de chaleur, quand on a dépoli les parties du thermometre qu'on voit à l'opposite de l'endroit où est marquée la graduation. La trop grande lumiere qui passe à travers le tube éblouit & offusque tout, & la lumiere trop foible ne permet pas de bien voir. Il est facile de reconnoître, après quelques épreuves, le degré de poli qu'il faut donner au tube.

Dans cet état , je divise , au moyen d'une petite machine , le tube du thermometre en degrés que je marque avec un diamant monté pour cet usage. Il ne faut que quelques tentatives pour parvenir à exécuter le tout comme il faut , & mes échelles sont nettes & très-claires.

J'ai encore imaginé & exécuté une nouvelle maniere de marquer avec le diamant les degrés sur les tubes des thermometres, & celle-ci est plus commode dans la pratique. Je prends un tube calibré , que je fais boucher hermétiquement aux deux extrémités. Dans cet état , je le fais applanir d'un côté avec l'émeril , sur un plan de fer ou de quelqu'autre corps dur , jusqu'à ce qu'on parvienne presque à rencontrer sa cavité intérieure. Je puis me servir de tubes assez épais , & du plus petit diametre intérieur, parce que la moitié du crystal se trouve enlevée , & qu'on peut avoir une très-petite boule. Il faut encore dépolir ceux - ci à moitié.

On peut plonger tous ces thermometres très-déliés & très-sensibles dans toutes les liqueurs les plus actives , & dans tous les états & circonstances des corps qu'on veut examiner.

J'ai fait exécuter divers autres thermometres pour servir à des expériences physiques très-délicates, & j'en ai qui ont jusqu'à trois & quatre pieds de longueur. Il en est parmi ceux-ci qui indiquent le terme de la glace au milieu du tube, & d'autres marquent au même endroit le degré de l'eau bouillante. La colonne de mercure ne marque que quatre degrés, de telle sorte, qu'un seul degré a douze pouces de hauteur, & que je puis saisir un millieme de degré.

Les thermometres qui portent le terme de la glace marqué au milieu du tube, se terminent par le haut en une petite olive, à la partie supérieure de laquelle je fais laisser à dessein une petite quantité d'air, afin que le mercure ne demeure jamais attaché au tube dont le diametre est si petit. Ce peu d'air qui demeure dans l'olive supérieure ne nuit point à mes expériences, & l'on peut très-bien corriger, si l'on veut, l'erreur infiniment petite à laquelle il peut donner lieu, & cela rend cette sorte d'instrumens très-sûre & facile à exécuter. Pour l'ordinaire, ces derniers thermometres, quoiqu'ils aient quatre pieds de longueur, ne marquent qu'un seul degré au-dessus & au-deſſous du terme de la glace , & le degré ſe trouve avoir par ce moyen deux pieds d'é-tendue, & eſt diviſé en deux mille parties.

On peut , au moyen de ces thermome-tres , connoître les différences les plus imperceptibles du froid & du chaud, & l'on eſt en état de fixer mieux qu'on n'avoit fait juſqu'ici , les plus petites variétés de la glace & de l'eau bouillante , & la loi qui s'obſerve dans les moindres changemens de peſanteur de l'atmoſphere. Ces deux termes du froid & du chaud ne ſont pas auſſi fixes qu'on l'a cru , & il faut déterminer les di-verſes circonſtances qui les font varier.

Quelque paradoxale que puiſſe paroître cette propoſition, elle n'eſt pas moins vraie. L'évaporation plus ou moins facilitée dans l'eau bouillante, le feu diverſement appliqué aux vaiſſeaux qui la contiennent , l'action de l'air contre ces mêmes vaiſſeaux & ſur la ſurface de l'eau bouillante , la groſſeur même du vaiſſeau concourent à donner différens degrés de chaleur à l'eau bouil-lante elle-même ; enforte qu'en obſervant attentivement on trouve des différences qui pourroient ſe monter à pluſieurs degrés , ſi elles étoient toutes du même côté.

L 3

Il m'a donc fallu détruire entierement ces inégalités, ou du moins les diminuer extrêmement, & déterminer toutes les circonstances dans lesquelles la chaleur étoit la plus constante. J'ai voulu examiner à cette occasion comment décroît la chaleur de l'eau bouillante quand on la met dans des vaisseaux qui sont placés les uns dans les autres. J'ai trouvé les loix de la chaleur respective dans les vaisseaux de différente nature, & dans les vaisseaux tant ouverts que fermés par le fond. Tous ces vaisseaux, qui alloient l'un dans l'autre, étoient plongés dans un grand vase où l'eau étoit toujours entretenue au degré de l'ébullition. On ne sauroit croire combien sont grandes les différences, combien varient les loix, selon les diverses matieres dont les vaisseaux sont composés, & combien cet examen m'a présenté de nouvelles vérités.

J'ai trouvé autant & plus de difficultés quand j'ai voulu fixer le degré de chaleur du mercure bouillant.

On peut résoudre, après ces expériences, un problême aussi paradoxal que vrai: savoir, combien il faut de vaisseaux les uns dans les autres, & placés au milieu de l'eau toujours bouillante , pour faire geler & entretenir conſtamment glacée l'eau du dernier vaiſſeau , ſi l'air atmoſphérique eſt au degré de la glace, ou , pour mieux dire , un peu au-deſſous. On ſait que dans mille cas ce degré devient un point néceſſaire dans les expériences phyſiques ; c'eſt-là préciſément que les différences ſont très - grandes , & j'ai éprouvé la plus grande difficulté à les réduire au point de pouvoir être négligées ; car je ne me flatte pas de les avoir entierement levées. Les précautions qu'il faut prendre avec le mercure ſont encore plus nombreuſes que celles que l'eau exige, & j'en donnerai le détail dans une autre occaſion.

Il ſuit de tout cela , qu'on ne trouve pas deux thermometres faits par différens Artiſtes qui indiquent un égal degré de chaleur dans l'eau , & à plus forte raiſon dans le mercure & dans d'autres fluides plus chauds que l'eau. Pour plus grande précaution , je me ſers ordinairement d'un thermometre *étalon* d'environ quinze pouces de hauteur depuis la glace juſqu'à l'eau bouillante. J'ai diviſé cet eſpace en cent degrés , & chaque degré en dix parties, de ſorte que la diviſion de mon échelle eſt de mille degrés. Je diſtingue parfaitement avec une loupe le tiers d'un de ces degrés, de sorte que j'ai une échelle de trois mille parties pour le moins.

Quand je veux graduer un thermometre, je le plonge dans l'eau bouillante conjointement avec *l'étalon*; & quand je vois que dans celui-ci le mercure indique le degré 1000, & demeure stationnaire, je fais gliffer dans l'autre un curfeur qui coupe la colonne de mercure. Quel que foit le poids variable de l'air, quelles que fe trouvent les circonftances relatives au feu & aux vaiffeaux, les deux thermometres doivent néceffairement fe correfpondre à ce point. J'en fais autant pour marquer le terme de la glace, je plonge les autres thermometres avec *l'étalon* dans la glace, & je les marque à ce degré de froid lorfque *l'étalon* eft au degré zéro, & y demeure ftationnaire. Il n'eft pas befoin d'ajouter que ce thermometre étalon a été gradué avec toutes les précautions qui m'ont paru néceffaires.

Je le répete, le degré même de la glace n'eft pas conftant; & il fuffit maintenant de remarquer que la feule différence de graduer un thermometre dans l'obfcurité ou à la lumiere, fait varier la chaleur ou le froid;

& mes thermometres les plus fenfibles font voir des différences très-confidérables, qu'on n'auroit jamais foupçonnées.

Après avoir ainfi corrigé le thermometre, j'ai cru pouvoir entreprendre plus hardiment mes recherches fur la *chaleur cachée* & fur les loix fuivant lefquelles ce principe actif fe répand dans les corps ; mais les réfultats que j'ai eus font peu conformes à ceux des autres obfervateurs.

Je trouve par exemple généralement faux que le thermometre plongé dans l'eau bouillante continue à marquer le degré de la glace tant qu'il eft entouré de glace, & que le mercure ne s'y éleve que quand elle eft entierement fondue. Cela ne fe trouve vrai que par approximation, lorfque le thermometre eft planté dans le centre d'un gros morceau de glace qu'on fait détruire rapidement à la flamme ou avec des charbons ardens. Quant aux autres corps, comme le fuif, le miel, la térébenthine, la cire, le blanc de baleine, &c. ils tranfmettent très-bien la chaleur au thermometre fort long - tems avant d'être liquéfiés en entier, & de laiffer à découvert la boule du thermometre qu'on a plongée dans ces fubftances. J'ai trouvé

qu'en général les corps moins fusibles tranfmettent la chaleur au thermometre avec
plus d'activité, & à la faveur d'une moindre
diffolution de leur fubftance, que les plus
fufibles.

J'ai vu que la chaleur des charbons ardens,
de la flamme vive ne parvient pas à fe pro-
pager d'une maniere fenfible à travers la
glace ni à travers les corps diaphanes faciles
à fondre, & qu'au contraire la chaleur de
la lumiere folaire, quoique très-foible, y
parvient à l'inftant; de forte que la lumiere
du foleil devient dans ces cas le véhicule de la
chaleur, au lieu que la lumiere de la flamme
& du feu, bien que vif, ardent & lumineux,
ne devient jamais véhicule de leur chaleur.
Ainfi donc la matiere de la chaleur dans la
flamme, quoiqu'elle foit très-active, &
capable de fondre la glace avec la plus
grande vivacité, ne parvient pas à fe pro-
pager jufqu'au thermometre plongé dans la
glace; comme y parvient la chaleur de la
lumiere folaire, même très-foible, dans
l'hyver, & fans le fecours des miroirs con-
caves ou des lentilles.

Il fe préfente ici une très-finguliere expérience, qui confifte en ce que fi l'on

entoure de tous côtés avec des charbons ardens un thermometre plongé dans un morceau de glace, le mercure monte un peu, tandis qu'il ne monte point s'il n'en eſt entouré que d'un côté, quoique la chaleur ſoit intenſe. Il ſembleroit que la rencontre des particules de la matiere de la chaleur leur donne plus d'activité. La matiere de la chaleur eſt par elle-même inerte & lente à pénétrer les corps même tranſparens ; mais unie avec la lumiere du ſoleil, elle les pénetre à l'inſtant, conjointement avec cette lumiere, & les échauffe ; tandis que la même lumiere, quoiqu'elle ſoit toute abſorbée par les corps noirs, ne les échauffe que par degrés inſenſibles, comme on le voit en obſervant le thermometre plongé dans ces corps expoſés aux rayons ſolaires. Cela démontre que la lumiere du ſoleil ne répand tout-d'un-coup la chaleur que juſqu'à l'endroit où elle parvient ; mais cependant après un certain tems, & peu-à-peu, la chaleur ſe ſepare de la lumiere & pénetre les corps, quoiqu'ils ſoient noirs.

Je finis par vous dire qu'ayant voulu déterminer la quantité de chaleur qu'abſorbe la glace en ſe liquéfiant, ou bien la chaleur que perd l'eau en rendant la glace fluide, je n'ai jamais pu obferver qu'il s'en perde 130, comme l'a dit M. Wilke, & beaucoup moins 147, comme le croit M. Black, s'il eft vrai que cet habile Chymifte l'ait ainfi obfervé. Le moins que m'aient donné mes expériences eft 118 & un tiers ; & le plus, 120 ; car j'ai trouvé des différences fenfibles d'une expérience à une autre. Mais ce qui eft encore plus fingulier, c'eft qu'ayant donné à l'eau un plus grand degré de chaleur, j'ai obtenu des réfultats vagues, & qui ne font point entre les limites que je viens de fixer. Je fuis cependant perfuadé que cela dépend de la feule variation des circonftances ; car fi l'eau folide a befoin d'une quantité de matiere calorifique pour devenir fluide, comme on le voit par l'expérience, il n'eft pas poffible de concevoir que cette quantité ne doive pas être conftante ; mais jufqu'à préfent je n'ai pu réduire ces différences fous des principes connus. Quoi qu'il en foit, j'efpere parvenir enfin à rendre raifon de toutes ces irrégularités, m'étant propofé de continuer mes expériences fur toutes les matieres dont je vous ai parlé, & fur beaucoup d'autres qui

leur font analogues , & qui ont la chaleur
pour objet.

LETTRE IV.

*A M. Gibelin, D. M. à Aix en
Provence.*

Florence le 10 Juillet 1782.

Il est très - vrai : nos Journaux & nos
Feuilles littéraires d'Italie ont rapporté diverses guérisons opérées avec l'esprit de
corne de cerf injecté dans les veines, dans les
cas de morsure de la vipere. Il est vrai aussi
que ces guérisons ont de quoi surprendre ,
& paroissent pour ainsi dire miraculeuses ,
par la maniere dont elles sont présentées ;
& il semble que certaines personnes aient
pris un certain plaisir secret à pouvoir assurer
le public qu'on avoit trouvé le vrai spécifique contre ce venin : spécifique que j'avois
cherché envain pendant plusieurs années ,
& au sujet duquel j'avois déclaré avec can-
deur l'inutilité de mes longues recherches.
Je dois encore avouer avec franchise que je
n'ai pas songé à chercher un remede dans la
médecine *infusive* , par des raisons que je

paſſe ſous ſilence , & que vous pouvez aiſément imaginer. Le cas unique rapporté per Valliſnieri ne m'ébranloit point , par la raiſon qu'il étoit unique. Maintenant qu'on raconte pluſieurs guériſons , cette matiere mérite d'être examinée.

Il eſt cependant vrai que les guériſons vantées ſont en trop petit nombre pour former une preuve , ou même une probabilité que ce remede ſoit un ſpécifique , & que ces guériſons lui ſoient dûes plutôt qu'à la force du malade , & à la nature non meurtriere du venin de la vipere. Cent guériſons ſeroient peut-être à peine ſuffiſantes pour faire prononcer avec certitude.

Si l'eſprit de corne de cerf eſt le remede ſpécifique du venin de la vipere , les animaux mordus , auxquels on injectera de cette liqueur dans les veines , devront être préſervés de la mort , & cela d'autant plus facilement , que la liqueur injectée ſera en plus grande doſe , & qu'on attendra moins long-tems après la morſure pour l'injecter.

J'ai fait mes expériences ſur de petits agneaux , & ſur de fort gros lapins. Les agneaux ont été mordus deux fois & juſqu'à trois fois , & je n'ai fait mordre les lapins que deux fois. Les morſures ont été faites aux cuiſſes, & l'eſprit de corne de cerf a été introduit dans le ſang par la jugulaire auſſi-tôt après qu'ils ont été mordus ; enſorte que dans quelques-uns de ces animaux il n'y a eu qu'un intervalle de peu d'inſtans. Les doſes de l'eſprit alkalin étoient depuis 20 juſqu'à 40 gouttes : doſes que l'animal pouvoit ſupporter ſans mourir, ainſi que je l'avois auparavant éprouvé ſur de pareils animaux qui n'avoient pas été mordus par la vipere. Une plus grande doſe auroit pu leur nuire, & même les tuer.

Trois agneaux ont été mordus aux cuiſſes, & ils ſont morts tous trois, deux en moins de deux heures, l'autre en peu de minutes. Deux ſeuls lapins, de neuf qui avoient été mordus, ont ſurvécu dix heures ; tous les autres ſont morts en moins d'une heure.

Je ſais que douze expériences ne ſuffiſent pas pour démontrer l'inutilité abſolue de l'eſprit de corne de cerf contre la morſure de la vipere ; mais elles ſuffiſent d'un autre côté pour démontrer que cette liqueur n'eſt point un ſpécifique, comme on le prétend, & pour faire voir auſſi qu'on ne doit ajouter aucune confiance au petit nombre de cas favorables qui sont cités par les fauteurs de ce remede.

Tant que les Médecins n'auront pas recours aux expériences, l'art utile de guérir ne fera pas de grands progrès ; & c'est principalement à cette cause qu'il faut s'en prendre, si la Médecine est restée, pour ainsi dire, stationnaire depuis Hippocrate jusqu'à nos jours, pendant que toutes les autres sciences ont fait des pas de Géant. Le Médecin prend pour le remede d'un mal le médicament après lequel la guérison a eu lieu ; tandis qu'en bonne logique on ne peut en déduire autre chose, sinon que le remede vanté n'a pas eu le pouvoir de tuer le malade. On voit que le Médecin croit tacitement au moyen de son raisonnement, que le malade seroit certainement mort s'il ne l'eût pas médicamenté ; & il suppose ainsi ce qu'il ne sait pas, ou bien ce qui est encore douteux, ou entierement faux. Il ne suffit pas que le malade guérisse, il faut encore s'assurer qu'il seroit mort sans le remede. Il faut pour cela avoir un très-grand nombre de cas favorables à ce remede, & un très-grand nombre de cas contraires, sans le remede. Mais comme une

pareille

pareille méthode exigeroit le travail de plusieurs personnes & de plusieurs siecles, il est
de la plus grande importance de recourir
aux animaux quand on peut s'en servir avec
sûreté. Ce genre de recherches peut être
extrêmement utile dans beaucoup de cas, &
spécialement par rapport aux poisons en
général, & l'on peut faire en très-peu de
tems, par son moyen, ce qui exigeroit sans
doute plusieurs siecles si l'on prenoit une
autre voie.

Si l'on eût suivi cette méthode, la Médecine seroit plus utile au genre humain,
par cela même qu'elle ne seroit pas surchar-
gée d'une infinité de remedes inutiles ; &
l'on ne verroit pas les médicamens & les
spécifiques se succéder les uns aux autres,
tomber dès leur naissance, & fournir un
sujet de scandale aux personnes qui pensent,
& de dérision aux sceptiques.

J'ai fait voir dans mon Ouvrage *sur les
Poisons*, que la morsure de la vipere va
rarement jusqu'à tuer un homme, quoiqu'il soit vrai qu'elle cause une maladie plus
ou moins considérable. Des personnes dignes
de foi m'ont assuré que dans les campagnes
du Ferrarois, les paysans se traitent de la

morſure de la vipere, en y appliquant un peu de terre priſe au haſard, & qu'ils guériſſent très-bien ; de ſorte que ces bonnes gens prennent cette terre pour le vrai ſpécifique de ce venin. J'ai vu des perſonnes mordues par la vipere en être tellement épouvantées, qu'elles paroiſſoient mourantes, & n'avoient preſque ni pouls ni reſpiration. Il n'eſt pas difficile d'opérer, dans ces cas, une guériſon qui paroiſſe miraculeuſe, en n'employant même que les remedes les plus inutiles ; comme un peu d'eau froide ſur le viſage, ou quelque liqueur ſpiritueuſe donnée intérieurement.

J'ai encore obſervé que la maladie produite par la vipere augmente dans les animaux juſqu'à un certain point, & diminue enſuite très-rapidement ; de ſorte qu'elle laiſſe en ſanté l'individu qui peu auparavant paroiſſoit moribond. On obſerve de pareilles guériſons dans les animaux chez leſquels la maladie eſt plutôt interne qu'extérieure ; par cette raiſon très-ſimple que s'il s'eſt formé une grande inflammation dans la partie mordue, & à plus forte raiſon, s'il y a une plaie, il lui faudra plus de tems pour guérir parfaitement. Il eſt plus que probable que dans les guérisons qu'on a vantées, la maladie n'étoit presque qu'interne; car sans cela les personnes mordues ne se seroient pas trouvées guéries aussi-tôt après l'application du remede, comme on le dit.

Tant qu'il n'y aura pas eu un plus grand nombre de guérisons opérées sur les hommes, & ce nombre doit au moins passer cent : il doit être permis de rejetter le remede qu'on a vanté comme spécifique contre la morsure de la vipere. Autrement nous serons en droit de présenter aux Médecins, fauteurs de l'infusion, la terre des campagnes de Ferrare, comme un autre spécifique contre ce venin; & ils ne voudront pas en convenir.

Si vous ne m'eussiez pressé de vous dire mon sentiment sur le nouveau spécifique Italien, je n'aurois pas songé, du moins pour le présent, à faire aucune expérience sur une matiere qui a commencé depuis quelque tems à m'ennuyer, & sur laquelle on dira peut-être que j'ai employé plus de tems qu'il ne falloit. Telle est du moins l'opinion de ces Philosophes qui croient deviner la nature, sans quitter leur table à écrire, & qui ne craignent pas de fubftituer des rêves & des hypothefes, aux faits & à la vérité.

Mais, puifque j'ai commencé à parler de mon Ouvrage fur les poifons, & que vous en êtes la principale caufe, permettez-moi de vous dire quelque chofe fur les nerfs, pour fervir d'éclairciffement à ce que j'en ai publié dans le fecond Tome du même Ouvrage. Je ne me propofe d'entrer dans aucun détail, me réfervant de le faire dans une autre occafion ; & alors, pour plus de clarté, je donnerai quelques figures qui ferviront de fupplément à mon Ouvrage, & qui feront inférées dans mes *Obfervations microfcopiques* dont je vous ai parlé plufieurs fois.

Après avoir décompofé un très-petit filet de nerf en fils nerveux déliés, compofés de quelques-uns de ces *cylindres nerveux primitifs* dont j'ai parlé au long dans mon Ouvrage, j'ai réuffi à dépouiller quelques-uns de ces *cylindres*, de leur tunique la plus interne, ou en d'autres mots, des *fils tortueux* du tiffu cellulaire. Ces cylindres étoient tranfparens, homogenes, non vuides, tels enfin, que je les avois trouvés dans d'autres occasions. Il m'est venu en idée de les mettre entre deux lames de crystal, qui sont arrangées de maniere qu'on peut les rapprocher jusqu'à les faire toucher par leurs surfaces opposées, & comprimer entierement les matieres qu'on met entre deux. Je puis approcher de la lame supérieure qui est la plus mince, une lentille très-aigüe, avec laquelle j'ai le moyen d'observer ce qui se passe, à mesure que les verres s'approchent par degrés insensibles, & compriment peu-à-peu les objets. Cet instrument, que j'ai imaginé & fait exécuter depuis plusieurs années, est d'une très-grande utilité pour les Observations microscopiques les plus délicates, & je lui dois beaucoup de vérités importantes que j'ignorerois encore sans son secours, comme on le verra un jour dans mes *Observations microscopiques.*

Ayant donc examiné un petit floccon de divers *cylindres nerveux primitifs* avec cet instrument, je me suis apperçu qu'à proportion que je rapprochois les deux lames de crystal, il sortoit de ces fils écrasés une matiere glutineuse, élastique, transparente que l'eau dans laquelle nageoient les cylindres ne diſſolvoit en aucune maniere. Si je diminuois la compreſſion ſur cette matiere & ſur les cylindres, elle ſe réuniſſoit & s'amonceloit en ſe rapprochant du cylindre dont elle étoit ſortie. Lorſque deux ou pluſieurs cylindres voiſins étoient comprimés, les matieres glutineuſes des uns ne ſe mêloient pas avec celles des autres, quoiqu'elles ſe comprimaſſent mutuellement, & que l'une repouſsât l'autre. En continuant à comprimer toujours davantage ces cylindres, je ſuis parvenu à voir que la matiere glutineuſe ſe réduiſoit en très-petits grains globuleux, d'un diametre quatre ou cinq fois moindre que celui d'un globule rouge du ſang. J'ai vu dans cette occaſion, qu'un très-grand nombre de ces petits grains gliſſoient avec beaucoup de vîteſſe dans le milieu des cylindres nerveux primitifs, & ſortoient par les extrémités coupées de ces mêmes cylindres. Dans cet état l'eau du porte - objet les tranſportoit d'un lieu à l'autre avec la plus grande facilité, & ils ne ſe réuniſſoient plus pour former la matiere glutineuſe dont ils étoient ſortis. Cette matiere glutineuſe examinée avec les plus fortes lentilles dans le tems qu'elle ſort des cylindres nerveux primitifs, paroît compofée d'une pâte grenue, élaftique & tenace, que l'eau ne diffout ou ne fépare en aucune maniere.

J'ai vérifié plufieurs fois, dans plufieurs nerfs de plufieurs animaux & de l'homme même, & toujours avec le même fuccès, l'obfervation dont je viens de vous faire part ; de forte que je ne crains pas de l'avancer comme une vérité.

Nous devons donc regarder maintenant les cylindres nerveux comme de véritables canaux dans lefquels fe trouve une matiere élaftique, glutineufe, graniforme : c'eft du moins jufques-là que parvient l'obfervation. Je ne fais fi les Phyfiologiftes voudront prendre pour les *efprits animaux* & pour le principe mécanique de tous les mouvemens, ces petits grains que j'ai obfervés. On expliqueroit mal dans cette hypothefe la vélocité inftantanée des mouvemens animaux : ces petits grains paroiffant trop lents à fe mouvoir quand ils font dans le nerf, où ils forment plutôt un gluten vifqueux & inerte qu'un fluide atténué très-mobile, comme il femble que cela devroit être. On expliqueroit plus facilement les mouvemens animaux en confidérant que cette matiere graniforme eft élaftique & continue dans tout le canal nerveux, comme en effet l'obfervation le démontre. Le mouvement pourroit fe tranfmettre au moment où il fe feroit une altération mécanique ou un choc dans une partie quelconque du nerf. Ce genre de mouvement nerveux eft bien différent du mouvement qu'on attribue aux efprits animaux, & il differe auffi de l'autre hypothefe imaginée par les Solidiftes, qui font ofciller le nerf même tout entier. L'ufage des prétendus efprits animaux courant d'un endroit à l'autre, ne peut fe concilier avec les obfervations que je viens de rapporter ; & d'un autre côté, les ofcillations des nerfs font contraires à l'expérience & à la ftructure du nerf même. Mais il ne répugne point que la matiere élaftico-glutineufe, qui remplit le *cylindre nerveux primitif* puiffe avoir des vibrations infenfibles femblables à celles que reçoit l'air dans le fon, c'eft-à-dire, fans qu'il y ait aucun tranfport de particules d'un lieu à l'autre.

Je dois avertir ici que parmi les différens nerfs que j'ai employés pour faire ces obfervations, je me fuis fervi même des nerfs

cruraux des grenouilles encore vivantes, &
l'on fait que ces nerfs dans les grenouilles
confervent pendant très-long-tems la faculté de contracter les mufcles, quoiqu'ils
foient expofés à l'air, & qu'ils foient coupés
d'un côté. Cela foit dit, pour qu'on n'imagine pas que la matiere glutineufe des cylindres nerveux primitifs n'eft point dans
fon état naturel.

Voilà ce que j'ai vu dans les nerfs, & ce
que je crois pouvoir dire de plus vraifemblable en partant de faits vrais & de mes
propres obfervations, & non pas en forgeant
des hypothefes, ou en fuppofant des fluides
invifibles, qu'il eft fi facile d'imaginer & fi
difficile de prouver. Vous voyez par-là que
tous les progrès que pourra faire avec le
tems la Médecine, foit théorique, foit pratique : on ne doit les attendre que de l'expérience & de l'obfervation ; mais il faut
que l'une & l'autre foient guidées par la
raifon, & qu'elles préfentent une analyfe
très-fine de la vérité qu'on veut établir. Les
faits ifolés, les expériences fans liaifon, les
obfervations purement oculaires ne four-
niront jamais de bafe folide à des théories
nouvelles, ou à de nouveaux principes ;

& nous n'en avons que trop de preuves dans beaucoup d'Ouvrages, même des plus modernes.

***

LETTRE V.

A Monsieur DARCET, *Docteur-Régent de la Faculté de Médecine, Professeur de Chymie au College Royal à Paris.*

VOUS avez eu la complaisance de témoigner que vous apprendriez avec plaisir des nouvelles de mes occupations scientifiques ; je m'empresse de répondre à cette flatteuse invitation. Je me contenterai de vous donner quelques détails & quelques résultats généraux, parce que je me réserve de traiter plus au long, dans une autre occasion, la matiere dont je vais vous entretenir.

J'ai employé, cette automne, quelques intervalles de loisir que m'ont laissé mes occupations, à examiner la nature & la cause d'une singuliere maladie des brebis qu'on appelle, en Toscane & dans d'autres endroits de l'Italie, *la folie.* J'ai découvert dans le cerveau de plus de quinze de ces animaux, qu'on disoit *fols*, une vessie opaque, remplie d'une humeur transparente. Dans cet état de maladie, ces animaux perdent le goût des alimens, marchent en chancelant de côté & d'autre, & finissent par mourir. Il est à remarquer qu'ils tombent ordinairement sur un côté du corps. L'observation ci-dessus a été confirmée dans toutes les brebis qui tomboient constamment sur un côté; & dans ce cas, la vessie étoit très-grande & s'insinuoit fort avant dans l'un des deux lobes du cerveau. J'ai trouvé dans quelques-uns de ces animaux la vessie grosse de deux ou trois pouces, & plus ou moins arrondie & affaissée, & le lobe du cerveau étoit consumé à proportion du volume de la vessie. La cavité qu'elle occupoit au détriment des deux substances du cerveau, étoit déchirée, fibreuse, de couleur tirant sur le jaune, & un peu desséchée & endurcie.

Dans toutes les brebis que j'ai examinées, j'ai toujours trouvé qu'il y avoit sur le lobe offensé un trou ou une ouverture extérieure pénétrant jusqu'à la vessie, qui paroissoit même sortir un peu par ce trou. Il suit de ces premiers faits une vérité physiologique, & c'est qu'un animal peut vivre lors même

qu'une grande partie de la substance mé-
dullaire du cerveau est détruite.

Cette singuliere maladie des brebis m'a
fait naître l'envie de connoître la vraie nature de la vessie que j'ai trouvée dans leur
cerveau. L'analogie m'a fait supposer qu'on
pourroit observer une pareille maladie dans
l'homme ; & un habile Médecin-praticien
m'a assuré qu'il a trouvé des hydatides, ou
vessies, de quatre à cinq lignes de diametre
dans le cerveau de diverses personnes mortes
folles. Dès le tems où j'étois à Paris, j'avois
observé un très-grand nombre d'hydatides
ou vessies dans l'épiploon & dans le mésen-
tere des lapins des champs, & j'avois vu
que ces vessies étoient de véritables animaux ; mais comme je trouvai peu de tems
après, que ces animaux avoient été très-bien
décrits par le savant naturaliste M. Pallas,
dans sa *Zootomie*, je crus inutile de publier
le peu d'observations nouvelles que je pouvois avoir faites sur ce sujet ; il étoit après
cela tout simple de soupçonner que les hydatides ou vessies que j'ai trouvées dans le
cerveau des brebis étoient des animaux,
aussi bien que celles que j'avois observées
dans le bas-ventre des lapins, lesquelles font

certainement des animaux, quoiqu'aient pu
dire plusieurs Médecins & Naturalistes pour
soutenir le contraire.

Pour procéder avec plus de certitude,
& pour que l'analogie me servît de guide
dans mes observations , j'ai cru devoir
examiner, avant tout, les hydatides du bas-
ventre que je savois qui se trouvent souvent
dans les brebis, lors même qu'elles ne paroissent attaquées d'aucune maladie. J'en
avois trouvé dans les lapins à Paris , jusqu'à
trois ou quatre cent à la fois, qui n'étoient
pas beaucoup plus grosses qu'un gros pois
chiche, & de forme ovoïde. Les lapins
étoient gras & très-sains ; de sorte qu'il
paroîtroit que ces corps sont entierement
innocens. Dans les brebis que j'ai examinées à Florence, je n'ai trouvé que dix-huit,
ou tout au plus vingt vessies ; mais elles
étoient beaucoup plus grandes que dans les
lapins, & avoient jusqu'à deux pouces &
plus dans leur plus grand diametre. Leur
forme est ovoïde. Elles sont couvertes de
divers tissus ou membranes cellulaires, &
dans le milieu de ces membranes se trouve
l'hydatide flottante & composée d'une mem-
brane simple laiteuse , remplie d'une hu-

meur très-limpide sans aucune sorte de viscere. J'ai fait tirer ces hydatides des brebis à peine mortes, & je les ai trouvées encore vivantes & douées d'un mouvement très-vif & de longue durée.

Quoique les hydatides que j'ai examinées n'eussent point de mouvement progressif d'un lieu à un autre, lors même qu'elles étoient plongées dans l'eau chaude & isolées, j'observois que leur peau étoit alternativement dans la plus grande contraction & dans le plus grand relâchement, de tous les côtés & dans toutes les directions. Leur mouvement ressemble à une fluctuation continuelle, & je le comparerois à l'agitation des flots de la mer. Elles ont quelquefois continué de se mouvoir pendant plusieurs heures, & j'ai vu avec un singulier étonnement les morceaux de la peau coupée continuer à se contracter & à se relâcher pendant un assez long espace de tems.

Jusqu'ici je n'ai pu observer aucune de ces hydatides autre part que dans le bas-ventre des brebis, quoique j'en eusse trouvé par deux fois, à Paris, quelques-unes immédiatement au-dessous de la peau autour de l'ombilic dans les lapins. Il m'étoit arrivé

auffi quelquefois d'en trouver dans ces animaux, quoique très-rarement, deux enfemble fous la même enveloppe extérieure;
mais je n'ai jamais pu voir une hydatide dans
le corps d'une autre. La veffie a un col qui
eft ridé, & qui repréfente affez bien une vis.
La bouche eft rayonnée & entourée de
quatre mammelons, conformément à la
defcription qu'en a donnée M. Pallas. Je
donnerai dans mes Obfervations microfcopiques, les figures de ces animaux, & l'on
verra en quoi elles different de celles du
favant Profeffeur de Pétersbourg.

La grandeur, la figure, la couleur auroient
pu faire croire que les hydatides ou veffies
qui fe trouvoient dans le cerveau de nos
brebis, étoient des animaux abfolument
femblables à ceux qu'on obferve dans le
bas-ventre ; mais ici l'analogie induiroit en
erreur. Je n'ai jamais pu voir aucun mouvement dans la peau de ces hydatides du
cerveau. Je n'en ai jamais trouvé qui
fuffent couvertes de tégumens extérieurs
comme celles du bas-ventre. On n'y voit
ni col, ni bouche, ni mammelons. Ces
corps, bien examinés, ne font autre chofe
qu'une peau ou veffie remplie d'une hu-

meur très-limpide. J'ai découvert fur leur furface, au moyen des lentilles les plus aiguës, un tiffu vafculaire très-délié en forme de réfeau, & que je crois formé de vaiffeaux lymphatiques, à la différence de celles du bas-ventre, dans lefquelles on n'apperçoit point de pareil réfeau vafculaire lymphatique. En un mot, je puis maintenant affurer, que les veffies qui fe trouvent dans le cerveau des brebis ne font pas des animaux, ne font point mues par un vrai principe de vie ; & que l'argument d'analogie, qui eft fi incertain dans l'Hiftoire naturelle, n'a aucune force dans le cas préfent, & ne pourroit fervir qu'à nous induire en erreur.

Mais la nature inépuifable dans fes productions nous récompenfe fouvent des peines que nous prenons à rechercher fes merveilles, par des découvertes inattendues. Elle a voulu dans cette occafion nous enrichir de faits nouveaux. Ces hydatides du cerveau contiennent, outre l'eau très-limpide dont j'ai parlé, un grand nombre de petits grains ovoïdes de la groffeur d'un grain de millet. J'en ai pu compter dans certaines jufqu'à deux ou trois cent & plus ; & en les examinant mieux au microfcope,

on

on en voit des milliers qui vont en décroif-
fant & qui entourent les plus gros grains.

Il me reftoit à examiner la ftructure & les
caracteres de ces corpufcules oviformes,
que j'ai trouvés attachés par leur plus long
bout à la partie interne de la veffie, tandis
que l'autre extrémité étoit fufpendue dans
la liqueur tranfparente. J'ai trouvé le moyen
d'examiner ces corps ovoïdes au moment
où la veffie étoit tirée de l'animal encore
chaud, & je fuis parvenu à obferver qu'ils
étoient doués d'un vrai mouvement animal,
& qu'ils s'alongeoient & fe contractoient
vifiblement. Chacun d'eux étoit fi fortement attaché à la veffie que je ne pouvois
les en détacher fans rupture, quoique j'aie
réuffi par deux fois à en voir un feul na-
geant dans l'humeur & éloigné des autres.
Le mouvement que j'obfervois dans ces
corps ovoïdes étoit une forte preuve que
c'étoient de vrais animaux ; mais il me manquoit encore une obfervation plus directe,
celle de leur ftructure.

Quoiqu'une pareille obfervation microfcopique ne foit pas bien aifée à faire, elle
n'eft cependant pas des plus difficiles. J'ai
réuffi plufieurs fois à voir fi bien la partie

N

pendante de ces grains oviformes, que j'ai pu observer qu'elle étoit formée de quatre mammelons, au milieu desquels étoit une bouche toute entourée de rayons. J'en ai fait faire les desseins & je les ai mis en regard avec ceux des hydatides du bas-ventre, afin qu'on puisse voir en quoi elles se ressemblent & en quoi elles different ; car elles ne sont pas semblables en tout, quoiqu'elles aient les plus grands rapports dans leur structure principale.

Ce sont donc de vrais animaux que ces corpuscules déliés qu'on trouve dans les vessies du cerveau des brebis attaquées de la *folie*. Cette vérité nouvelle & singuliere pourroit bien donner des lumieres sur quelques maladies du cerveau de l'homme, & même sur la manie, puisqu'on a trouvé des vessies grosses comme des pois chiches & davantage, dans le cerveau des personnes qui sont mortes de cette maladie si terrible & si humiliante pour l'humanité.

Après avoir découvert la véritable cause de cette maladie dans nos brebis, & la nature animale de ces petits grains oviformes qu'on trouve dans le sac membraneux qui grossit & s'étend, comme nous l'avons dit, aux dépens du cerveau, il nous reste à dire quelque chose sur les hydatides de l'homme, que les Médecins croient non organiques & formées par la rupture & le gonflement des vaisseaux lymphatiques. Quant à moi, je ne trouverois point du tout impossible que plusieurs de ces corps fussent des animaux, ou tout-à-fait semblables, ou du moins analogues aux hydatides que je viens de décrire. Elles forment des sacs & des vessies comme celles des brebis, & contiennent comme celles-ci une humeur transparente.

Il ne paroît pas qu'avant Tison on reconnût pour de vrais animaux distincts & organisés ces hydatides qui se trouvent dans le bas-ventre de plusieurs animaux, quoique Redi & d'autres en aient parlé comme d'êtres vivans. Après Tison, Hartman les caractérisa d'animaux ; mais les Médecins ne suivirent point l'opinion de Tison & d'Hartman. Le célebre Pallas est parmi les modernes le seul qui ait éclairci la nature de celles du bas-ventre de divers animaux, & qui les ait reconnues pour de vrais animalcules ; mais personne que je sache n'a parlé de celles du cerveau ; personne n'a soupçonné qu'elles fussent des amas d'animaux ; perſonne ne les a reconnues pour la cauſe d'une ſi grande maladie, & perſonne n'a prouvé que celles qui ſe trouvent dans l'homme ſoient auſſi de vrais animaux (1).

____

(1) Après avoir publié en Italie mes Obſervations ſur la *folie des brebis*, j'ai été informé qu'il étoit queſtion de cette maladie dans un nouveau Journal d'Italie, imprimé à Veniſe, 1778, T. II. pag. 101 & 105. On y parle en effet en peu de mots d'une maladie des bœufs, appellée *male vertiginoſo* ou *ſtorno*. Voici ce qu'en dit l'Auteur, dont j'emprunte les propres termes : *Cette maladie naît d'un vice du cerveau occaſionné par certaines véſicules qui paroiſſent remplies d'animalcules nageants dans la liqueur qu'elles renferment, ainſi qu'on l'a obſervé depuis peu d'années. Ces animalcules ſe développant, rongeront le cerveau & cauſeront inévitablement la mort. . . . . . . J'ai cependant vu un Fermier expert trépaner avec ſuccès le crâne, auprès de la corne droite ou gauche, du côté que le bœuf ſe renverſoit, & ayant extrait une certaine enveloppe contenant de l'eau & comme de petits vermiſſeaux, le guérir de cette maniere. Quant à moi je ferois auparavant marché avec le Boucher.* C'eſt tout ce que dit cet Auteur.

Il paroît qu'on peut déduire évidemment du paſſage qu'on vient de lire, I°. qu'on n'a pas obſervé la maladie en queſtion dans les brebis qu'elle attaque fréquemment, mais ſeulement dans les bœufs chez leſquels elle eſt plus rare. II°. Il paroît qu'un Fermier a fait voir qu'il extrayoit une *certaine enveloppe* contenant de l'eau ; mais il n'y eſt pas dit que cette enveloppe ſe trouve dans tous les bœufs attaqués de cette maladie. III°. On ne voit pas que cette enveloppe ait été reconnue pour une hydatide, qui ſe trouve toujours remplie d'une lymphe particuliere & jamais d'eau pure. IV°. Il ne paroît pas qu'on ait reconnu que cette enveloppe contenoit des vers & de vrais animaux, comme on le voit énoncé dans les expreſſions vagues que nous avons rapportées ci-deſſus. V°. Il ne paroit pas non plus qu'on ait çonnu la véritable ſtructure de l'enveloppe ; il ſembleroit au con-

Il ne fera déformais plus difficile de rechercher la véritable nature des hydatides
qu'on trouve fouvent dans l'homme, & de
s'affurer fi ce font auffi des animaux, &
dans quelles maladies & circonftances ils

---

traire qu'on a cru que ces corpufcules étoient détachés & nageants
dans la lymphe, & non pas attachés à l'enveloppe ou au fac,
comme je les avois obfervés & comme ils font en effet. VI°. On
ne voit point d'ailleurs comment ces corpufcules pourroient fe
développer & ronger le cerveau.

L'obfervation que je rapporte dans ma Lettre, je l'ai faite conftamment ; & c'eft qu'on trouve dans le cerveau des brebis attaquées de la folie une hydatide, mais bien différente de celles du
bas-ventre. Il eft fingulier de voir deux animaux, l'un de groffeur
gigantefque, l'autre microfcopique, de forme prefque femblable
vers la tête, & différens dans tout le refte. L'animal microfcopique eft fi adhérent à cet énorme fac dans lequel il fe trouve,
qu'il paroît en être une vraie continuation ; enforte qu'on pourroit regarder ce fac comme une matrice particuliere & d'une
groffeur énorme.

Un de mes amis m'affure dans ce moment qu'on a publié en
Allemagne un petit Ouvrage en langue vulgaire, fur les maladies
des brebis, dans lequel on parle de la même maladie & de fes
caufes. Mais n'ayant pas vu cet Ouvrage, je n'en puis rien dire.
Je fuis d'ailleurs plus que perfuadé que les Fermiers & les Bou-
chers connoiffent mieux cette maladie que les Phyficiens, parce
qu'ils y font beaucoup plus intéreffés que ces derniers ; mais les
obfervations des hommes ignorans font toujours groffieres &
informes ; c'eft au Phyficien éclairé à leur donner la valeur dont
elles font fufceptibles. Si j'ai été prévenu en Allemagne (& rien
n'eft plus facile dans un fiecle où il y a tant d'Obfervateurs), ce
fera toujours un avantage que j'aie confirmé les découvertes
d'autrui ; & j'aurai par-là donné occafion à d'autres de vérifier
celles qui pourront fe trouver mal d'accord avec les miennes.

N 3

exiſtent. La nature de ces maladies dans l'homme étant mieux connue, le Médecin judicieux pourra s'en former une idée plus ſûre, & y appliquer les remedes connus les plus convenables, ou en imaginer de nouveaux.

Les hydatides que j'ai examinées dans les brebis m'ont donné lieu de faire quelques recherches ſur une autre claſſe d'animaux, les *ténia*, qui ont beaucoup de rapport avec les hydatides qu'on trouve dans le cerveau & dans le bas-ventre. Cette reſſemblance n'exiſte à la vérité que dans la tête. On obſerve dans les ténia une bouche entourée de quatre mammelons, comme dans les hydatides. Le reſte du corps des premiers eſt, comme chacun ſait, très - différent de celui des hydatides. J'ai examiné plus de mille ténia, la plupart encore vivans, & je crois être en état de pouvoir décider divers points de phyſique animale très-importans, qui tiennent partagés entr'eux les Médecins & les Naturaliſtes.

Tous croient communément que les ténia des inteſtins ſe multiplient par boutures, & que chaque morceau ou anneau de ténia devient un ténia entier, comme on l'obſerve communément dans les polypes. Pluſieurs ſoutiennent que le ténia eſt un amas de vers diſtincts les uns des autres , & ſeulement réunis enſemble , & enchaînés par ſimple contact , ou par de prétendues ouvertures ou bouches. On a appellé vers cucurbitins ces vers ou anneaux détachés du ténia , parce qu'ils ont une certaine reſſemblance avec les ſemences de courge. Je crois pouvoir démontrer au contraire par le fait & par l'expérience , que les ténia ſont ovipares ; que les œufs les plus mûrs ſe trouvent dans les derniers anneaux du ténia , vers la queue ; qu'à proportion que ces œufs groſſiſſent , les anneaux ſe détachent plus facilement, tant l'un de l'autre que du corps du ténia ; que chacun des anneaux du ténia a un très-grand mouvement d'alongement & de raccourciſſement; que ce mouvement continue pendant quelque tems , même après que les anneaux ſont détachés du ténia , & que ces anneaux perdent alors plus ou moins la forme des vers appellés cucurbitins. J'ai vu, au moyen du microſcope, des centaines de très-petits ténia imperceptibles , mais de vrais ténia bien formés , ramaſſés & amoncelés entre les houpes

N 4

des inteſtins des pigeons, des poules, des agneaux, & je les ai trouvés unis aux œufs des anneaux, & à quelques fragmens des anneaux mêmes.

L'obſervation qui m'a paru la plus ſinguliere, & que j'ai vérifiée dix-ſept fois ſur les poules, ça été de trouver la tête d'un ténia adulte tellement implantée entre les houpes des inteſtins, qu'il n'étoit pas poſſible de l'en retirer ſans riſquer de le rompre & de lui faire laiſſer la tête dans le velouté. J'ai conſtamment obſervé qu'à l'endroit où la tête du ténia étoit ainſi attachée, on voyoit des amas de très-petits ténia ; & tout bien examiné, je trouvai que la tête du ténia correſpondoit à divers œufs des anneaux.

Je ne ſais ſi vous avez vu une lettre que j'ai écrite à M. Gibelin, à Aix en Provence, & qui eſt imprimée dans nos Journaux d'Italie. Il y eſt queſtion d'un ſpécifique vanté contre la morſure de la vipere, & d'une obſervation ſinguliere que j'ai faite ſur la matiere ou fluide dont ſont remplis les *cylindres nerveux primitifs* que j'ai décrits dans le ſecond Volume de mon Ouvrage ſur *les Poiſons* (1). Cette nouvelle

____

(1) Cet Ouvrage eſt intitulé : *Traité ſur le venin de la vipere; ſur les poiſons Américains, &c.* Florence 1781. 2. vol. *in-4°.*

obſervation ſur la matiere que contiennent les cylindres nerveux primitifs, eſt peut-être tout ce qu'on pourra ſavoir de plus certain ſur cette matiere ſi obſcure, & je ſerois bien aiſe que vous la luſſiez.

J'ai enſuite multiplié mes obſervations ſur la reproduction des nerfs ; mais je n'ai obſervé rien de plus que ce que j'avois vu auparavant. De vingt animaux, un ſeul m'a donné une véritable reproduction ; mais tous auroient pu en impoſer aux perſonnes qui ne ſont point exercées à manier les lentilles avec cette attention qui eſt néceſ-ſaire pour s'aſſurer de la réalité du fait. J'ai cependant vu dans tous des prolongemens ſenſibles aux extrêmités nerveuſes coupées, dans leſquelles paroît un ganglion nerveux beaucoup plus gros du côté de la tête que du côté du corps : ces ganglions finiſſent en une pointe aigue, & celle-ci en un tiſſu cellulaire qui ſe prolonge. Les quadrupedes que j'ai examinés avoient eſſuyé cette opé-ration depuis cinq à ſix mois.

Je n'ai pu obſerver aucune reproduction nerveuſe dans aucune de douze poules aux-quelles j'avois coupé la huitieme paire des nerfs. J'ai trouvé au contraire les bouts coupés éloignés de deux à trois pouces l'un de l'autre, quoique je n'eusse enlevé du nerf qu'un morceau de quatre à cinq lignes de longueur. J'y ai pareillement trouvé les ganglions ordinaires situés de même, l'un plus grand, l'autre plus petit, terminés en pointe très-alongée, & celle-ci en tissu cellulaire. Je n'ai examiné les poules que sept mois après l'excision. Vous voyez que tout se rapporte avec ce que j'ai écrit dans mon Ouvrage déja cité, & que j'avois observé dès l'année 1779, à Londres, où je fis mes expériences. Elles furent commencées en présence de deux excellens Anatomistes : M. Meckel digne fils du célèbre Anatomiste de Berlin, & M. Winflow, Danois, parent du grand Winflow qui a tant illustré l'Anatomie en France. Je communiquai les résultats de mes expériences faites à Londres au savant Anatomiste M. Cruikshanks, qui en a parlé dans une note ajoutée aux Lettres qu'il a publiées à Londres dès la même année 1779, & avant mon départ de cette ville ; je les communiquai ensuite à MM. Pringle, Hunter, & à mon ami M. Ingenhoufz ; de forte qu'en peu de jours tous les Savans de

Londres en furent inftruits. Peu de tems après, j'expédiai mon manufcrit à Aix en Provence, à M. Gibelin, que vous connoiffez. J'ai cru devoir vous informer de toutes ces circonftances afin que fachant le tems précis où j'ai fait mes expériences, vous puiffiez défabufer les perfonnes qui pourroient être dans l'erreur à ce fujet.

Le Mémoire fur la reproduction des nerfs qu'avoit lu M. Cruikshanks à la Société Royale de Londres avant mon arrivée, fut trouvé fi peu concluant, qu'on ne voulut point l'inférer dans les Tranfactions philofophiques.

Avant de finir ma Lettre, je vous dirai ce que j'ai obfervé en examinant le *cryftallin*, fur lequel les Anatomiftes ont tant écrit, & que l'on connoît fi peu. J'avois par hafard fur ma table plufieurs fouris vivantes & nouvellement nées, enforte que leurs paupieres étoient encore fermées. J'ôtai un œil à un de ces animaux, je le mis fur le microfcope, & j'en féparai fur-le-champ le cryftallin. J'y obfervai un très-beau réfeau vafculaire de canaux non rouges, que je pris pour de vrais vaiffeaux lymphatiques. Je ne pus à la vérité y découvrir

aucune valvule ; mais on fait que les vaiffeaux lymphatiques n'ont pas des valvules
par-tout, & qu'elles manquent dans les dernieres ramifications imperceptibles ; comme
il me confte par des expériences & obfervations qui me font propres. J'ai obfervé
les mêmes vaiffeaux lymphatiques dans les
autres fouris, de forte que cette obfervation
paroît conftante. Je les ai trouvés auffi dans
les yeux des poules obfervés au moment de
la mort, parce qu'au bout de quelque tems
on les voit moins, & enfin ils difparoiffent.

En examinant attentivement le cryftallin
au microfcope, j'ai obfervé une ftructure
finguliere de ftries , filamens ou cylindres
curvilignes très-réguliers, qui de la circon-
férence du cryftallin fe portoient vers le
milieu de fes deux furfaces oppofées. Ils fe
formoient fucceffivement & paroiffoient
peu-à-peu lorfque je laiffois long-tems le
cryftallin fous le microfcope ; je les voyois
encore plus facilement en le faifant un
peu deffécher, ou en le mettant dans les
acides. La divifion en arcs réguliers qui fe
fait dans le cryftallin provient de la formation & de la ftructure même de la matiere dont il eft compofé, comme je le

dirai dans un inftant. Cette obfervation me donna la curiofité de connoître la compofition du cryftallin, & de favoir fi c'étoit un tiffu de filamens cylindriques folides, ou de matiere gélatineufe, tranfparente, non organique, comme le croit le commun des Anatomiftes. Après quelques tentatives, & en commençant par ôter la capfule, je fuis parvenu à m'affurer que le cryftallin eft un tiffu de très-petits cylindres folides, tranfparens, paralleles les uns aux autres & arqués. Ces cylindres plus petits qu'un globule du fang font unis & liés enfemble par mes *cylindres tortueux* (1), qui fe trouvent en beaucoup plus grand nombre immédiatement au-deffous de la capfule, & s'attachent comme de très-petites mailles imperceptibles à la partie interne de la capfule antérieure du cryftallin, fous la forme d'une pulpe nébuleufe. Le tiffu qu'ils y forment, leur diftribution & l'ordre qu'ils affectent me feroient croire qu'ils font les premieres origines des vaiffeaux lymphatiques ; & mon idée à ce fujet eft appuyée fur un grand

---

(1) Voyez le Traité *fur le venin de la vipere*, &c. Tome fecond.

nombre d'obfervations que j'ai faites fur d'autres parties du corps animal, dans lef-quelles les vaiffeaux lymphatiques font le plus abondans.

On expliqueroit par cette hypothefe une infinité de phénomenes obfcurs, & l'on con-cevroit comment croiffent, par exemple, les ongles, le tiffu cellulaire, l'épiderme; comment les cheveux fe nourriffent, s'a-longent, changent de couleur, & peuvent même, dans certains cas de maladies, fe remplir de fang. Toutes ces parties, com-pofées de mes cylindres tortueux, ne fe-roient autre chofe qu'un tiffu de vaiffeaux lymphatiques. Mais fi cela eft, que font donc les cylindres tortueux qu'on voit juf-ques dans les foffiles? La reffemblance de figure ne fuppofe pas néceffairement la con-formité de fubftance & d'ufages, & l'on peut très-bien connoître une vérité, & en ignorer une autre qui y touche de près. Mais, quoi qu'il en foit, il eft certain par mes obfervations, que le cryftallin eft un amas de cylindres folides, flexibles, tranf-parens, unis & liés enfemble par les fils tor-tueux.

Quand j'ai pris la plume pour vous écrire,

j'ai cru n'avoir que peu de lignes à vous envoyer, & sans m'en appercevoir, j'ai fait une longue lettre que je dois en partie aux nouveautés que vous m'avez communiquées, &c.

P. S. Je trouve dans une observation qui m'est particuliere, une nouvelle preuve que mes *cylindres tortueux* font les premieres origines des vaisseaux lymphatiques. Cette observation est que les houpes intestinales sont composées de fils tortueux entierement semblables, par leur grandeur & leur figure, aux *cylindres tortueux* que j'ai décrits dans mon Ouvrage sur les poisons. On sait que les houpes des intestins sont destinées par la nature à sucer le chyle & la lymphe : d'où il paroît qu'on ne sauroit douter qu'ils ne soient aussi de la nature des vaisseaux lymphatiques, & qu'ils n'en fassent toutes les fonctions. J'ai principalement examiné les houpes des intestins des poussins nouvellement éclos, où tout est plus clair & plus distinct. Je les ai observés aussi dans les souris, & même dans l'homme. Mais il est bon de se servir de jeunes animaux, & il vaut encore mieux faire cette obſervation dans des *fœtus*. Le velouté des inteſtins eſt un tiſſu de *cylindres tortueux*, diſpoſés d'une maniere ſymmétrique, comme je le ferai voir dans mon Ouvrage ſur les *Obſervations microſcopiques*. Il paroît qu'on peut, en attendant, compter ſur quelque choſe de plus qu'une probabilité, au ſujet des premieres origines ou des principes des vaiſſeaux lymphatiques du corps animal. Ces origines des vaiſſeaux lymphatiques ont échappé juſqu'ici aux recherches des plus habiles Obſervateurs & Anatomiſtes, quoique ce ſoit une choſe connüe que toutes les cavités du corps vivant peuvent abſorber la lymphe & les fluides plus ſubtils, qui s'extravaſent ou ſe répandent dans ces cavités.

Ce n'eſt même pas là le terme de mes conſidérations ſur les origines des vaiſſeaux lymphatiques ; & je commence à croire ſérieuſement qu'il n'y a dans le corps animal vivant point d'autres ſyſtêmes de vaiſſeaux ou canaux, comme on voudra les appeller, que celui qui eſt formé des arteres & des veines, & celui des vaiſſeaux lymphatiques, qui abſorbent les humeurs extravaſées & ſtagnantes dans toutes les parties &

cavités

cavités du corps. Je pense que mes cylindres tortueux qui se portent par-tout, qui tissent tout, & qui vont former jusqu'à l'épiderme, doivent, comme vaisseaux lymphatiques, sucer & extraire de l'air, & de ce qui les environne immédiatement, toutes les molécules & vapeurs qui leur conviennent ; & que ces fluides ou vapeurs sont finalement portés avec les autres humeurs lymphatiques au réservoir commun des vaisseaux lymphatiques, qui est le canal thorachique.

On réduiroit par ce moyen à une grande simplicité toutes ces parties, tous ces organes que les Physiologistes ont créés & multipliés, parce qu'ils ne pouvoient expliquer autrement les fonctions du corps animal. La grande série de vaisseaux excréteurs & sécréteurs cutanés, ceux de la transpiration pulmonaire, ceux du tissu cellulaire qui est toujours arrosé & turgescent, ceux de la vapeur qui transude dans le péricarde, ceux qui versent dans la cavité du bas-ventre, ceux du cerveau, &c. devient autant inutile, qu'elle est démentie par le fait & par l'observation oculaire. Il suffit de supposer que les humeurs les plus subtiles peuvent dans le corps vivant transuder faci-

lement à travers les peaux & les membranes,
pour concevoir que les fluides qui heurtent
& preffent continuellement contre les parois intérieures des vaiffeaux rouges peuvent
aufli fe filtrer par les pores de ces parois,
comme toutes les injections le démontrent
avec la derniere évidence. Je puis d'ailleurs
certifier qu'il ne part aucun vaiffeau non
rouge des vaiffeaux rouges , & je les ai
obfervés avec des lentilles qui groffiffent
huit cent fois & plus. Ainfi donc, les vaiffeaux cutanés ou externes concourent avec
tous les autres vaiffeaux lymphatiques in-
ternes de l'animal, dans la fonction commune de vaiffeaux abforbans, & n'en different que dans les matieres abforbées ; les
premiers abforbent des matieres vagues &
hors du corps, & les feconds des matieres
déterminées, au-dedans du corps , & élabo-
rées par le corps même. Je ne parlerai point
de l'abforption pulmonaire ; de celle qui fe
fait inftantanément par la bouche, l'éfo-
phage & le nez ; & d'autres qui ont lieu dans
d'autres parties : parce qu'elles fe font par les
mêmes vaiffeaux tortueux qui fe trouvent
aufli dans ces parties.

Nous attendons avec beaucoup d'impa-

tience un fyftême complet de la progreffion
ou marche des vaiffeaux lymphatiques du
corps humain, de la part du favant & labo-
rieux Anatomifte, M. le docteur Mafcagni
de Sienne, dont nous avons admiré la maniere adroite & exercée de les injecter dans
un très-grand nombre de parties du corps.

Je ne prétends exclure du nombre des
vaiffeaux contenant des humeurs, ni la fubftance inteftiniforme très-obfcure du cerveau, ni les *cylindres nerveux primitifs*,
dont la ftructure eft plus certaine, & que
nous avons trouvés remplis d'une humeur
vifqueufe & tranfparente. Nous ne pouvons
prononcer rien de certain fur la premiere,
& les feconds ne paroiffent pas contenir
un fluide en mouvement, & circulant
comme le fang, ou comme la lymphe.

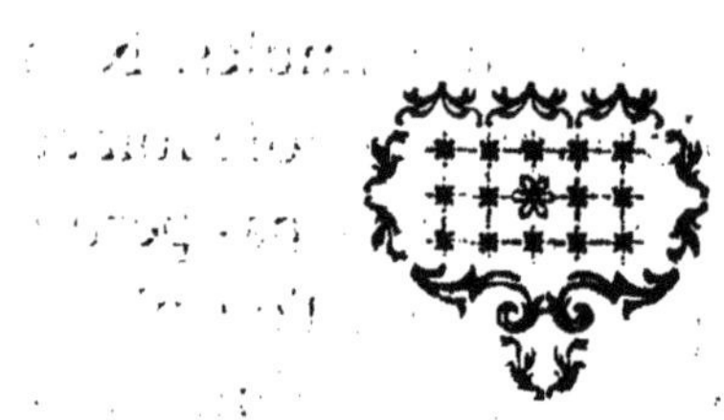

FRAGMENT d'une Lettre écrite au R. P. Fontana à Pavie, *sur la lumiere, la flamme, la chaleur & le phlogiſtique.*

JE finis, en vous faiſant part de quelques-unes de mes idées relatives à la lumiere, à la flamme, à la chaleur & au phlogiſtique, que les Phyſiciens confondent plus ou moins, & modifient chacun ſuivant les idées qu'il s'eſt formées, & les hypotheſes qu'il a embraſſées.

J'ai voulu conſidérer ici ces quatre agens comme des ſubſtances différentes entr'elles. Et tant que le Phyſicien obſervateur ne parviendra pas à démontrer leur vraie compoſition & leur nature, je ſuis d'avis qu'on doit les regarder comme différens entr'eux, & en même-tems comme ſimples. Non pas qu'il ſoit impoſſible que la choſe ſoit autrement, mais parce qu'il n'eſt pas permis de forger des compoſitions où l'on n'en voit point, ni des modifications ſimples là où les effets ſont différens & ſouvent oppoſés.

Cette diverſité d'effets eſt la raiſon principale qui m'a fait conſidérer ces ſubſtances comme différentes entr'elles ; & je fuis fondé fur le principe reçu, que fi les effets font différens, les caufes doivent l'être auffi, quand il ne confte pas du contraire. Je ne ferai qu'indiquer les principales qualités de ces êtres.

Lumiere.

I.

La lumiere folaire fait dégager un air très-pur, appellé déphlogiftiqué, des plantes mifes dans l'eau.

I I.

La lumiere folaire, lors même qu'elle eft privée de la chaleur, c'eft-à-dire, qu'on la fait agir comme feule lumiere, développe des plantes le même air très-pur.

I I I.

La lumiere folaire paffe en un inftant à travers les lames de verre, & chauffe auffi-tôt les corps placés derriere ces lames.

I V.

La lumiere folaire ne fait pas détonner le nitre, ne produit pas l'acide fulphureux volatil, ne réduit pas les chaux métalliques ordinaires, du moins par les méthodes pratiquées jufqu'à préfent.

V.

La lumiere folaire ne chauffe pas les corps les plus tranfparens & les plus fubtils, comme l'air, les lames de cryftal.

V I.

La lumiere folaire échauffe à peine les corps blancs & opaques.

V I I.

La lumiere folaire n'échauffe que les corps dans lefquels elle s'eft arrêtée.

Flamme.

I.

La flamme, quelque confidérable & claire qu'elle foit, fait dégager des plantes un air méphitique, un air phlogiftiqué.

I I.

La flamme paffe dans l'inftant à travers le cryftal, comme la lumiere; mais elle n'é-chauffe que très-tard les corps placés der-riere le cryftal.

I I I.

La flamme immédiatement appliquée aux chaux métalliques en opere la réduc-tion.

IV.

La flamme chauffe même les corps les plus transparens, & les fond sur-le-champ.

V.

La flamme appliquée extérieurement aux matras de cryftal, ne réduit pas les chaux métalliques ordinaires.

Chaleur.

I.

La chaleur, tant folaire que terreftre, dégage des plantes un air phlogiftiqué.

II.

La chaleur ne réduit pas en métal les chaux métalliques ordinaires, ne fait pas détonner le nitre, ne produit pas l'acide fulphureux volatil.

III.

La chaleur dégage le phlogiftique des corps, ou en diminue la quantité, comme il paroît prouvé par les expériences récemment faites en Angleterre.

IV.

La chaleur pénetre & fond tous les corps quelque durs & opaques qu'ils foient.

Phlogiſtique.

I.

Le phlogiſtique dégage des corps la chaleur, ou en diminue la quantité, comme
il paroît par les doctrines modernes.

II.

Le phlogiſtique ne paſſe pas à travers le
verre pour réduire les chaux métalliques.

Les corps mis dans le vuide ſous des récipiens de cryſtal, peuvent être illuminés,
tant par la lumiere ſolaire que par la lumiere
terreſtre, ou flamme. Mais les corps lumineux ou enflammés ne donnent plus de lumiere lorſqu'ils ſont dans le vuide. L'air eſt
donc néceſſaire pour rendre ces corps lumineux, mais non pour rendre viſibles à nos
yeux les corps placés dans le vuide, lorſqu'on jette ſur eux la lumiere extérieure
des corps qui ſont lumineux dans le plein.
Il paroît par les dernieres expériences des
Phyſiciens, que l'électricité même ſubit
dans le vuide les mêmes loix ; car elle diſ-
paroît quand le vuide eſt parfait : ce qui
nous aſſure toujours davantage que les corps
lumineux ſont dans un état d'ignition,
comme je l'ai démontré de divers phoſ-

phores ; mais la lumiere qui fe manifefte alors fuit les loix connues de la lumiere folaire lorfqu'on la fait tomber fur les corps, & qu'ils la réfléchiffent.

D'après tout ce que nous avons établi ci-deffus, on voit que la lumiere du foleil ne reffemble pas en tout même à la lumiere terreftre ou de la flamme, 1°. parce que la premiere dégage des plantes l'air déphlogiftiqué, & l'autre l'air méphitique ; 2°. parce que la premiere échauffe les corps à l'inftant, & l'autre beaucoup plus tard ; 3°. parce que la premiere ne fait pas détonner le nitre, ne réduit pas les chaux métalliques, ne rend pas l'huile de vitriol acide fulphureux volatil, au lieu que la flamme produit tous ces effets ; 4°. parce que la lumiere folaire n'échauffe pas les corps diaphanes, que la flamme échauffe ; 5°. parce que la lumiere folaire n'échauffe que peu & tard les corps blancs & opaques, au contraire de la flamme.

La chaleur n'eft ni lumiere, ni flamme, ni phlogiftique. Elle n'eft pas lumiere, puifquelle pénetre tous les corps que la lumiere ne pénetre pas ; elle n'eft ni flamme ni phlogiftique, puifqu'elle ne réduit pas les chaux métalliques, ne fait pas détonner le nitre....

Le phlogistique n'est pas la chaleur, puisqu'il ne pénetre pas tous les corps comme fait la chaleur, & puisqu'il exclut la chaleur des corps mêmes.

Je démontrerai toutes ces qualités dans deux Ouvrages à part ; l'un qui traite de *l'Air des plantes*, & l'autre de la *Chaleur* en général. Le premier est fini depuis plus de deux ans, & l'autre est très-avancé.

Puisque nous avons observé des différences dans les effets que produisent les quatre substances suivantes : *la lumiere, la flamme, la chaleur & le phlogistique* ; & puisque nous ne savons encore rien de leur véritable nature, c'est assez pour que le Philosophe observateur doive les considérer comme simples & différentes entr'elles, & pour qu'il doive s'en servir comme de principes pour expliquer les effets qui sont subordonnés à ces mêmes substances; nous en agissons de même relativement aux acides, quoiqu'ils soient peut-être composés & résultans de la modification d'un seul acide. C'est sur ces principes que le fameux Bergman, très-grand Chymiste & excellent Physicien, a établi ses cinq terres

élémentaires primitives, qui répandent tant
de lumieres dans toute la Physique & dans
toute l'Histoire naturelle : s'étant fort peu mis
en peine, si elles sont simples en elles-mêmes,
ou si elles ne sont que des modifications
d'une seule ou de plusieurs d'entr'elles. Ce
moyen, quelque imparfait qu'il puisse être,
est le seul que nous ayons pour pénétrer
dans la science des corps, & pour nous
tenir éloignés des illusions & des hypotheses.

D'ailleurs, dans la supposition que la matiere primitive des corps fût homogene,
il ne s'ensuivroit pas pour cela que nous
ne dussions pas chercher à connoître ses
propriétés lorsqu'elle est modifiée de maniere qu'elle constitue diverses substances ;
& c'est même dans la seule connoissance des
propriétés de ces substances différentes, que
consistent la science des corps, & la connoissance des causes & des phénomenes de
la nature.

Il paroît, par tout ce que nous venons
de dire, qu'on peut considérer ces quatre
substances ou agens, comme des principes
simples & différens entr'eux. Mais il ne
s'ensuit pas que deux ou plusieurs ne puissent

en former un feul. Il eft vrai que dans cette hypothefe ils ne feroient plus ni fimples, ni au nombre de quatre. Mais ils doivent être confidérés comme tels par le Phyficien, tant que leur compofition n'eft pas découverte. Une fois qu'elle le fera, on rectifiera l'hypothefe & on diminuera leur nombre, conformément à ce que l'expérience en aura décidé.

Si l'on pouvoit démontrer, comme le penfent les Chymiftes Suédois, que la chaleur eft compofée d'air pur & de phlogiftique; la chaleur ne devroit plus être regardée comme un principe fimple, mais bien comme un compofé de deux principes dont nous connoiffons quelques-unes des propriétés principales. De même, fi l'on prouvoit que la lumiere n'eft que la chaleur furchargée de phlogiftique, on diroit alors que la lumiere n'eft plus un principe fimple, mais qu'elle eft formée de trois autres principes; de forte qu'on devroit, par exemple, confidérer la flamme comme formée de chaleur & de phlogiftique unis à d'autres corps hétérogenes, dont les corps combuftibles font formés.

La lumiere folaire, même confidérée

feulement en tant que lumiere & abftraction faite de fa chaleur, pourroit bien être toujours accompagnée de quelque quantité de phlogiftique. Le fameux Scheele a démontré en dernier lieu, que la lumiere folaire revivifie à la longue la lune cornée & le nitre lunaire; mais on n'obtient rien de pareil avec la feule chaleur folaire, & l'on n'obferve aucune révivification de ces chaux par fon moyen. Le même Phyficien a pareillement découvert que l'acide nitreux renfermé dans une bouteille, & expofé à la lumiere du foleil, fe phlogiftique très-bien; mais qu'il ne fe phlogiftique point fi on ne l'expofe qu'à la chaleur de la lumiere.

Il ne faut pas croire que ces qualités qu'on a trouvées dans la lumiere folaire, foient entierement contredites par les phénoménes du §. IV., parce que les circonf-tances font très-différentes; & en appliquant plus long-tems la lumiere à ces fubf-tances, l'on parviendroit peut-être à prouver qu'elle n'eft pas tout-à-fait privée de phlogiftique. Là je n'ai voulu qu'exclure l'hypothefe qu'elle en contient abondamment, & ici nous pouvons convenir qu'elle n'en eft pas entierement privée.

LETTRE apologétique à un Ami, en défenſe d'un Ouvrage de M. F. Fontana, intitulé : *Recherches Philoſophiques ſur la phyſique animale.*

IL faut en convenir : ſouvent l'autorité ſe combine mal avec la raiſon, & fait croire vrai ce qui eſt faux, & faux ce qui eſt vrai. Vous ne pouvez vous perſuader que le grand Haller puiſſe avoir tort dans tous les paſſages de ſon immortelle Phyſiologie, où il réfute les *Recherches Philoſophiques ſur la phyſique animale* de M. F. Fontana; & vous êtes d'autant plus perſuadé que le Philoſophe Suiſſe n'a pas tort, qu'il étoit l'ami particulier de notre Auteur, comme on le voit dans les Lettres qu'il a publiées en latin quelques années avant ſa mort, & comme on peut s'en aſſurer encore en liſant les grands éloges qu'il lui a donnés dans la plupart de ſes nombreux Ouvrages, & même dans ſa Phyſiologie, dont il lui a dédié le Tome III. (1) dans ces termes : *Ill. viro,*

____

(1) De partium corporis humani præcipuarum fabricâ & functionibus, opus quinquaginta annorum, Tom. III. Elementa ſanguinis. Bernæ & Lauſannæ 1778.

*cujus summo ingenio nihil difficile est, suo
in vindicando vero sodali Felici Fontana
grati animi, & meritò venerationis ergo
DDD. Hallerus.*

Un homme qui, dites-vous, est si sensible
à l'amitié & au vrai mérite, doit sans doute
avoir eu les plus grandes raisons quand il
s'est porté à écrire de la maniere suivante.
« In physiologicis aliqua mutavi, plura ad-
» didi. Mutare me aliqua coegerunt nu-
» perrimè cogitata, quæ expandere, aut
» probare necesse fuit, aut meas rationes
» opponere. Cor in suâ sistole tamen bre-
» vius reddi, porrò contra nuperrimos Scri-
» ptores defendi, neque testudinem exce-
» pero ; in anguillâ enim de quâ eadem du-
» bia repetuntur, manifestò vidi, sollicitâ
» curâ adhibitâ, cor mucroni scalpelli apice
» suo objectum in sistole non lædi, in dias-
» tole verò vulnerari : quo in phœnomeno
» nonnullisque aliis à clar. Fontana invitus
» dissentio. Sed & cor totum inaniri posse
» puto me ostendisse ; neque posse solum,
» sed verè omninò inaniri, & demùm quo-
» ties cum superstite in cavis suis sanguine
» quiescit, causam silentii esse in virium
» defectu, qui non sinat ad contractionem

» niti. » *De part. corp. hum.* Tom. II. Præf.
pag. 2.

J'avoue que tout paroît en votre faveur,
s'il faut décider la question par l'autorité &
non par la raison. Je ne peux pas nier que la
grande réputation si justement méritée dont
jouit l'illustre Haller, ne doive prévenir
contre l'Ouvrage de notre Auteur, si elle
ne peut détruire l'opinion que tous les vrais
Savans en Europe ont de lui; & c'est précisément ce qui m'engage à vous écrire avec
quelque détail, persuadé que vous chan-
gerez bientôt de sentiment, si dans les dis-
putes philosophiques l'autorité doit céder
à la raison.

Le premier point ou la premiere question que j'examinerai, sera de savoir si le
cœur se raccourcit ou s'alonge dans sa contraction. Notre Auteur, après avoir établi
que le cœur dans les animaux à sang froid
est plus mol & plus souple que dans les
animaux à sang chaud, s'explique ainsi.
« Cette plus grande mollesse du cœur dans
» les animaux à sang froid n'ayant peut-être
» pas été considérée autant qu'il le falloit
» pour l'intelligence de quelques phéno-
» menes, a donné lieu à une erreur dans
» laquelle

» laquelle font tombés de très-favans &
» très-diligens Obfervateurs : favoir, que
» dans les anguilles, dans les tortues &
» dans les limaçons, la pointe du cœur
» s'écarte de fa bafe quand le cœur fe
» contracte. Dans un Ouvrage publié il y a
» plufieurs années fur la *fenfibilité & l'irri-*
» *tabilité* des animaux, qui a été traduit en
» françois, & imprimé à Laufanne, j'avois
» établi dès-lors que c'étoit à tort qu'on
» avoit voulu excepter ces animaux des loix
» communes à tous les autres, & j'avois
» affigné la véritable fource de cette erreur.
» J'avois donc obfervé que quand on place
» une anguille de maniere que la pointe du
» cœur repofe fur fa bafe, le cœur s'alonge
» dans fa fiftole, de forte que la pointe
» s'éloigne de la bafe. La même chofe ar-
» rive dans les tortues, & dans les autres
» animaux à fang froid. La bafe du cœur
» chargée du poids de ce mufcle, s'élargit
» & s'applanit vifiblement, & les parties
» qui font entre la pointe & la bafe fe di-
» latent par l'effet du poids des parties fupé-
» rieures, enforte que tout ce mufcle s'af-
» faiffe, & dans cet état le cœur devient
» court & très-large. On obferve un plus

P

» grand applatiſſement de ce genre dans le
» cœur des anguilles ; lequel dans ces ani-
» maux ſe montre comme ſitué à la ren-
» verſe, & beaucoup plus long à proportion
» que dans les autres animaux à ſang froid.
» Le cœur, dans les tortues que j'ai exa-
» minées, eſt beaucoup plus large que
» long (1). » Notre Auteur repréſente très-
clairement par un deſſin la figure du cœur
des animaux froids dans les trois états différens de dilatation, de contraction & de
dépreſſion des parties ſupérieures contre
la baſe. Delà il déduit l'explication la plus
lumineuſe de ce ſingulier phénomene.
D'après tout cela, on voit maintenant
avec évidence que notre Auteur n'a
jamais cru que *dans les anguilles, dans
les tortues, dans les limaces la pointe
du cœur s'écarte de ſa baſe, quand le
cœur ſe contracte . . . . & que c'eſt à tort
qu'on a voulu excepter ces animaux des
loix communes à tous les autres, comme il
l'aſſure.*

Notre Auteur a mis à la tête de ſa *Phyſique
animale*, une Table analytique des matieres,

____

(1) Phyſique animale, p. 121.

dans laquelle on lit (pag. 28 , chap. IV,
§. 36 & 37) les deux propofitions fuivantes,
qui annoncent le contenu de la page 121,
jufqu'à la page 125 : *Le cœur dans aucun*
animal n'éloigne fa pointe de fa bafe
quand il fe contraCte.... On démontre com-
ment divers Auteurs fe font trompés fur ce
fujet.

Au §. 36, notre Auteur établit, au moyen
de l'expérience , que dans les animaux à
fang froid il n'eft pas difficile de voir le
cœur s'alonger dans la contraCtion , & fe
raccourcir au contraire dans la réfolution.
Il indique , immédiatement après , dans
quelles circonftances cela arrive ; il enfeigne à faire naître ce mouvement extraordinaire , & en affigne en même-tems la
caufe.

Enfin , dans le §. 37 , il s'explique ainfi :
» Faute de prendre ces précautions en ob-
» fervant, plufieurs Ecrivains, même des
» plus modernes, ont été induits en erreur,
» & ont cru qu'il falloit pour le moins faire
» une exception dans quelques animaux ;
» mais c'eft à tort; car cette loi paroît com-
» mune à tous les animaux connus, & elle
» n'eft certainement contredite dans aucun

» de ceux fur lefquels on a cru voir l'alon-
» gement du cœur. Le fait eft que dans les
» animaux à fang froid , & fur-tout dans
» ceux dont le cœur eft plus flafque & plus
» mol, on peut faire naître cet alongement
» quand on veut. Il fuffit de placer le cœur
» de maniere que la pointe foit fituée
» contre la bafe , enforte que ce vifcere
» fe trouve ainfi déprimé. »

Haller , après avoir rapporté à fa maniere le fentiment de notre Auteur , s'explique ainfi : (1) Verùm in ranâ quidem huic
» illuftriff. viro aliquid impofuiffe certus
» fum.... fed neque in anguillâ quidquam
» reperio cur alio modo in conftrictione
» mutetur..... Verùm nuper vir acutiffimi
» judicii M. Ant. Caldanus & in teftudine
» cor contractum brevius fieri vidit & in
» ranâ & in anguillâ. »

Si l'illuftre Haller a vraiment répété les
expériences fur le cœur des animaux froids
dans les mêmes circonftances dans lefquelles
notre Auteur les a faites , & s'il a eu des
réfultats différens , il faut dire que c'eft un
vrai malheur qu'un homme auffi éclairé &

---

(1) Tom. III. pag. 251 , 252.

auffi capable de faire de bonnes expériences, se soit trompé dans une chose qui n'est pas très-difficile. Si, d'un autre côté, les circonstances qu'il a observées n'étoient pas les mêmes que celles que notre Auteur a rapportées, c'est à tort qu'il nie un fait, par la seule raison qu'il n'a pas su l'obferver. Les expériences rapportées font certaines ; car après les avoir vu faire une seule fois par notre Auteur, je les ai répétées plufieurs fois en mon particulier, quoi qu'il soit vrai de dire qu'il faut de la dextérité & de la patience pour y réuffir.

Si le cœur est trop tendu & plein de fang ; si les parties voifines ne permettent pas qu'il se détende & s'applatiffe ; si la pointe & les parties supérieures ne posent pas entierement sur la base, on n'obfervera point le phénomene qui ne peut avoir lieu que dans ces circonftances, comme l'a fait obferver notre Auteur, en joignant même à fon Ouvrage une figure qui met la chose dans son plus grand jour. Je connois un grand nombre de perfonnes en préfence desquelles M. Fontana a répété ses Expériences sur le cœur, & avant & après qu'il eût publié fa *Phyfique animale.* Il me fuffira de citer l'illuftre M. Lagufi, premier Médecin du Grand-Duc de Tofcane; le célebre Profeffeur d'Anatomie à Upfal, M. Murray, & le favant Traducteur de Cullen, M. le Docteur Beerenbroëk, à fon paffage à Florence, dans le voyage qu'il a fait dernierement en Italie. Autant que je puis le favoir, notre Auteur n'a refufé de montrer fes expériences fur le cœur a aucune perfonne en état d'en juger, & il fe fait un plaifir de pouvoir détromper par le fait même, ceux qui fe font laiffés féduire par l'autorité de Haller. Il peut dire avec le fameux Ruifch, *venite & videte.*

Ainfi donc, l'expérience que rapporte notre Auteur eft certaine, & nous invitons avec franchife les plus incrédules à la répéter. Mais elle ne fait pas une vraie exception à la loi générale du raccourciffement des mufcles & du cœur, comme l'a bien remarqué notre Auteur contre l'affertion erronée de l'illuftre Haller. Nous devons au contraire favoir gré à M. Fontana de nous avoir mis en garde contre une erreur facile à rencontrer, & dans laquelle il paroît qu'en effet plufieurs hommes célebres font tombés en obfervant le cœur de la tortue, des anguilles, des grenouilles, des limaces, & généralement de tous les animaux à fang froid.

Il me femble voir maintenant que votre prévention en faveur du fameux Haller va un peu en diminuant, & je crois qu'à l'avenir vous ne condamnerez pas fi facilement & fans diftinction certains Auteurs qui n'ont pas accoutumé de prendre, comme on dit, des veffies pour des lanternes ; du moins avant de les avoir bien examinés & de vous être bien affuré qu'ils fe font vraiment trompés. Permettez-moi de vous dire en confidence, & dans le tuyau de l'oreille, qu'avant de condamner les hommes qui fe font dévoués à la fonction pénible & difficile d'Obfervateur, il faut y penfer plus d'un jour, après quoi, croyez-moi, l'on n'en fait rien.

Mais venons au fecond point de controverfe. Le célebre Haller a cru, comme on l'a vu ci-deffus, avoir démontré que le cœur fe vuide parfaitement de fang dans fa contraction ; & en cela il eft oppofé à notre Auteur qui a examiné dans le plus grand détail cette queftion dans fa *Phyfique animale*, où l'on peut dire avec juftice qu'il n'a rien laiffé à defirer fur ce fujet, autant du moins que l'expérience & la matiere peuvent le comporter.   P 4

Notre Auteur a fait voir dans le chap. 3. de sa *Physique animale*, que les raisons qu'ont apportées les Écrivains en preuve, qu'il reste toujours du sang dans le cœur, ne sont d'aucun poids & d'aucune force. Dans le chap. 5, il examine les argumens que l'illustre Haller a avancés en faveur de l'épuisement parfait du cœur. Il trouve qu'ils ne sont ni concluans ni sûrs, & qu'il en est qui ne sont point applicables au cœur des animaux chauds. La structure irréguliere des ventricules du cœur, qui sont remplis de cavités & de colonnes résistantes dans les animaux chauds, à la différence des animaux froids, lui fait croire que ces mêmes ventricules ne peuvent se vuider de sang en entier. Il appuie ce sentiment sur deux expériences directes qui paroissent démonstratives.

Haller, à la page 261 du Tome cité, continue à soutenir l'épuisement parfait des deux ventricules, & cite notre Auteur en ces termes : « Et nuper eo rediit ill. Felix » Fontana in ipso pullo, & in frigidis ani- » malibus ruborem aliquem in corde con- » tracto superesse ; in calidis verò animali- » bus enectis nunquàm non aliquam san-

» guinis copiam se in corde reperiisse. » Et
il croit avoir pleinement réfuté la premiere
des deux expériences de notre Auteur, en
disant que les mouvemens du cœur dans
l'animal déja mort, ou prêt à mourir, sont
trop foibles pour qu'il se délivre de tout
le sang de ses ventricules, sur-tout parce
qu'alors la pression des parties adjacentes
est ôtée.

Mais la premiere expérience de notre
Auteur consiste à lier l'oreillette gauche &
à couper en même-tems l'aorte à l'origine
des valvules semi-lunaires. On peut faire
cette expérience avec tant de promptitude,
que l'animal ne soit point encore mort
avant qu'elle soit finie ; les mouvemens du
cœur paroissent alors très-vifs, & peut-être
beaucoup plus que dans l'animal vivant &
en repos. Il ne paroît ici aucune sorte de
foiblesse dans ce muscle, & je craindrois
plutôt le contraire après avoir voulu l'observer moi-même plusieurs fois ; & cependant les ventricules dans ce cas ne se font
pas trouvés entierement vuides de sang. La
seconde expérience de notre Auteur consiste en ce qu'on a beau presser avec force
contre le cœur, même dans tous ses points,

on ne parvient jamais à le bien vuider. Le célebre Haller lui-même un peu plus bas: favoir, à la page 262, oubliant probablement ce qu'il avoit dit un peu auparavant, écrit : « Nam cùm cordis ventriculos in » vivo animali quantùm poteram pre- » mendo evacuaffem, tamen exigua quæ » fupererat copia cor non finit quiefcere. » Il avoue donc ici qu'après avoir fait les plus grands efforts contre les parois extérieures du cœur, il a trouvé qu'il reftoit encore du fang dans les ventricules. C'eft enfuite une vraie abfurdité de croire que la contraction naturelle du cœur, qui à peine fe fait fentir à un doigt qu'on aura introduit dans les ventricules, foit plus forte, plus énergique que la preffion qu'a employée notre Auteur qui y a mis toute fa force.

Haller remet en avant l'obfervation du cœur qui pâlit dans les animaux à fang froid, & à laquelle notre Auteur avoit auparavant répondu en montrant la foibleffe de cette objection.

Il a de nouveau recours à l'œuf couvé ; mais dans ce cas même notre Auteur, après avoir établi toute l'incertitude de cette ob-fervation, démontre que les raifons tirées des animaux froids, ne peuvent s'appliquer aux animaux chauds, & que c'est mal-à-propos que l'on compare un cœur mol & flasque avec un cœur dur & plein de colonnes tendineuses résistantes. Il est au moins certain que le savant Spallanzani a observé contre le sentiment de Haller, que le cœur des salamandres & des grenouilles conserve sensiblement sa couleur rouge, même dans la contraction, & il a prouvé par des expériences directes, que cette couleur provient du sang retenu dans les ventricules. (*Des Phénomenes de la circulation*. Modene. p. 158.)

Mais nous voici maintenant au point essentiel de l'opinion du célebre Haller. A la page 263, il veut prouver l'énorme absurdité qui en résulteroit, s'il restoit même une seule goutte de sang dans le cœur (il pouvoit prendre encore une fraction moindre à volonté), & voici comment il s'explique : » Si autem omninò cor non integrè » evacuetur, tamen necesse fuerit ad eam » angustiam idem reduci, ut quolibet in » pulsu nihil de sanguine retineat, nisi eam-» dem semper sanguinis copiam, quæ in » primo pulsu in corde superfuerat. Si enim

» unica gutta in quoque pulſu intra ventri-
» culos relinqueretur , & decem guttæ in
» decem pulſibus, intra unicum diem in ferè
» 100000 pulſationibus enormem copiam
» ſanguinis in corde manere neceſſe foret ,
» qualem omninò obtinere non poſſet. »

Il ne paroît pas poſſible qu'un homme auſſi grand que Haller ait pu ſe ſervir d'un pur paralogiſme , qui ne mérite pas même que nous le réfutions , pour ſoutenir ſon hypotheſe. Il ſuppoſe qu'à la ſeconde contraction du cœur il reſte dans ſes ventricules une nouvelle goutte de ſang toute entiere , de même qualité & en même quantité que celle qui y eſt reſtée après la premiere : ce qui eſt une vraie abſurdité , qui ne mérite point d'être réfutée.

Haller en combattant notre Auteur a confondu enſuite la pâleur qu'on obſerve dans la contraction du cœur des animaux froids , que perſonne ne nie , & moins encore notre Auteur , & qui naît de la tranſparence des ventricules, avec la rougeur naturelle des parois extérieures du cœur, qui devient plus intenſe préciſément lorſque le cœur ſe contracte , & qu'on obſerve, tant dans les animaux à ſang froid que dans

ceux à sang chaud. Cette augmentation de
rougeur dans le cœur avoit échappé aux
yeux des autres observateurs, & c'est une
découverte de notre Auteur. Mais voyons
ses propres paroles, qui ne nous laisseront
rien à desirer. » Il est vrai que le cœur dans
» les animaux à sang froid pâlit dans la
» sistole, parce que ses ventricules étant
» minces & transparens, il se teint de la
» couleur du sang qui les remplit lorsqu'il
» est dans la diastole. Il est d'ailleurs très-
» certain par mes observations, que même
» dans le cœur, ainsi que dans tous les
» autres muscles, sans en excepter ceux des
» animaux à sang froid, on observe que sa
» substance charnue est teinte d'un rouge
» plus foncé quand il est contracté que
» quand il est relâché, pourvu qu'on ob-
» serve avec exactitude & sans prévention
» pour aucun système. Et cela doit même être
» ainsi, parce qu'alors les vaisseaux rouges se
» rapprochent & s'amoncelent davantage.
» La même chose arrive dans la contraction
» du poumon, c'est-à-dire, dans l'expira-
» tion, pendant laquelle il paroît plus rouge
» qu'auparavant, quoiqu'il ne reçoive alors
» pas autant de sang qu'il en reçoit dans

» l'infpiration qui le dilate ; par la raifon
» que les vaiffeaux rouges fe rapprochent
» davantage les uns des autres dans l'expi-
» ration , & s'écartent au contraire dans
» l'infpiration. *Phyfique animale*, p. 117. »

Vous voyez de nouveau combien peu vaut l'autorité dans les chofes de raifon & d'expérience , & vous jugez que le nom d'un Auteur, quelque grand qu'il foit, ne fuffit pas pour en condamner un autre. Combien d'erreurs de fait & de raifonnement l'illuftre Philofophe de Berne n'a-t-il pas commifes fur le point que nous venons d'examiner ! Mais avançons, & j'efpere que vous conviendrez à la fin qu'on a condamné à tort & trop légerement l'Auteur dont je fais l'apologie.

C'eft une queftion parmi les Phyfiolo-giftes de favoir fi les deux ventricules du cœur fe rempliffent feulement du fang des orcillettes ; c'eft-à-dire du fang des deux veines caves & de celui qui revient par les veines pulmonaires. Ce point de contro-verfe a été examiné par notre Auteur de-puis la page 101 jufqu'à la page 115 de fa *Phyfique animale* , & il traite tous les doutes relatifs à cette queftion, de maniere qu'il paroît n'en laiffer fubfifter aucun.

Haller, dans fa Phyfiologie, nomme notre Auteur comme ayant foutenu que quelque portion du fang de l'aorte retourne néceffairement dans le ventricule gauche par les arteres coronaires. Notre Auteur avoit raifon de le croire ainfi, après avoir démontré dans fon Ouvrage déja cité, que les arteres coronaires font toujours remplies de fang, tant lorfque le cœur fe relâche que lorfqu'il fe contracte. Enforte que c'eft une vraie abfurdité de croire que les coronaires ne verfent pas leur fang, quand le ventricule fe relâche & fe trouve encore vuide de fang. Les canaux des coronaires font remplis, le fang y eft dans un grand mouvement, leurs orifices font ouverts : il eft donc certain que le fang de l'aorte doit en partie retourner au cœur.

Haller oppofe qu'il eft contre la nature de l'animal, que le fang retourne au cœur après en être forti ; mais il me paroît que ce que la nature a fait eft précifément ce qui eft felon la nature. La queftion eft purement de fait, & les caufes finales, toujours vagues & trompeufes en Phyfique, ne prouvent rien contre le fait même.

Notre Auteur avoit démontré, en partant de la ſtructure même & de la ſituation des valvules, & du mouvement du ſang dans la grande artere, que non-ſeulement le ſang qui ſe trouve entre la convexité des val-vules & les parois de l'aorte doit retourner au cœur ; mais encore celui qui ſe trouve dans l'aorte juſqu'aux bords les plus élevés des valvules, & encore une portion de celui qui eſt repouſſé en arriere par la contrac-tion de l'aorte & qui eſt employé à dif-tendre les valvules. Il en donne une dé-monſtration très-complette à laquelle Hal-ler n'a ſu rien oppoſer, & l'on ne peut en effet y oppoſer rien de raiſonnable. Nous vous exhortons à la lire avec attention dans l'original, page 106.

Notre Auteur, après cette démonſtra-tion, rapporte encore diverſes expériences directes pour prouver que le ſang reflue réellement de l'aorte par les valvules. Haller donne une réponſe générale à ces expé-riences, en diſant : « Aquam injectam re-
» fluxiſſe vidit ill. Fontana ; ſed eo experi-
» mento nollem uti cùm valvulæ in vivo
» animale ſanguine cor replente, utique
» perverſo ſanguinis reditui meliùs reſiſtant.
» Verùm

» Verùm utique uti de venis dictum, ita in
» arteriis sanguis qui inter convexitatem
» valvularum, & parietem aortæ est, is
» intra cor rejicitur, dùm arteria subsidet
» & contrahitur. »

La réponse du Baron de Haller est tout-
à-fait indirecte & illusoire. Il convient avec
les meilleurs Anatomistes que les valvules
sémi-lunaires ne sont point charnues, mais
simplement tendineuses. Cela posé, & c'est
une vérité de fait, l'on ne voit pas pourquoi ces valvules résistent mieux quand
l'animal est encore en vie, qu'un moment
après la mort, & toutes les parties étant
encore chaudes. Mais quand on admettroit
cette réponse, on n'en pourroit rien conclure
contre le sentiment de notre Auteur. On
ne parle point ici du sang qui peut sortir entre les valvules quand elles bouchent moins
exactement l'ouverture de l'aorte ; mais
bien de celui qui peut entrer dans le ventricule à mesure que les valvules se ferment
par degrés successifs. Le sang qui est vers
l'axe de la grande aorte doit avoir un plus
grand mouvement vers le cœur, que le sang
qui se trouve vers les parois, & qui développe & distend les valvules. Ce sang doit

Q

donc se porter vers le cœur, & entrer dans les ventricules, de sorte qu'ils recevront non-seulement le sang qui est sous les valvules, non-seulement celui qui arrive à leurs parties les plus élevées, & qui est pour ainsi dire taillé vers le cœur lorsqu'elles viennent à fermer l'aorte, mais encore une portion de celui qui est sur les valvules & vers l'axe de l'aorte. Qu'on examine la démonstration de notre Auteur, & l'on n'en doutera plus un instant.

Haller objecte encore que le sang ne peut retourner de l'aorte dans le cœur, parce qu'il trouve les ventricules pleins de sang. Mais il paroît encore ici que ce grand Homme *aliquid humani passus sit*, car il n'est pas possible de concevoir comment il peut soutenir que les ventricules sont pleins du sang des oreillettes quand l'aorte se contracte. L'aorte se contracte précisément dans le tems que le ventricule gauche se relâche & que les oreillettes se contractent. Il doit donc aborder en même-tems dans les ventricules, tant le sang des deux grandes arteres que celui des deux oreillettes. Le Philosophe Suisse accorde que la contraction des oreillettes & celle de l'aorte sont ſynchrones, comment peut-il donc dire que le ſang de l'aorte trouve les ventricules du cœur déja pleins?

Il propoſe finalement une autre difficulté tirée de l'état maladif des valvules, qui ne prouve rien en faveur de ſon hypotheſe; & il conclud que ſi la voie étoit ouverte entre les valvules & le cœur, les ventricules deviendroient anévriſmatiques; mais cette ſuppoſition de la liberté totale du retour du ſang étant fauſſe & abſurde, ne mérite pas même d'être réfutée.

Notre Auteur a déja démontré les uſages & la néceſſité de ces valvules dans l'état réel où la nature, & non pas l'imagination de l'homme les a placées. Ces uſages étoient en grande partie ignorés avant lui, & l'illuſtre Haller même a cru devoir les admettre dans ſon Ouvrage; ce qui forme une vraie contradiction : « Adnotat (dit-il) » idem vir ſagaciſſimus valvulis in retinendo » ſanguine laborantibus ſubvenire arteria- » rum coronariarum oſtiola, parata partem » ſanguinis contra cor nitentis recipere, » valvularum preſſionem minuere, inter- » cedere ne valvulæ rumpantur, aut ipſe » demùm ventriculus laceretur ». Pag. 295.

Q 2

Notre Auteur, au chap. 5 de sa *Physique animale*, examine une question devenue célebre dans ces derniers tems, & c'est de savoir pourquoi le cœur est plus irritable que les autres muscles. Après avoir proposé les différentes hypotheses que les Physiologistes ont imaginées pour expliquer cette plus grande irritabilité & les avoir trouvées toutes absurdes, il propose enfin le sentiment de l'illustre Haller, qui croyoit que les nerfs du cœur étant plus voisins de la tunique interne des ventricules de ce muscle, sont stimulés de plus proche par le sang, d'où s'ensuit un mouvement plus véhément que dans les autres muscles. Notre Auteur a fait contre cette hypothese que l'Anatomie ne confirme point, & que le peu de sensibilité du cœur met tout-à-fait hors de probabilité, des objections qui n'admettent point de réponse. Et en effet M. de Haller n'y répond point dans son dernier Ouvrage, quoiqu'il remette sur le tapis son hypothese ordinaire des nerfs sensibles, des nerfs découverts, comme si elle n'avoit point été combattue ; tandis qu'elle a été démontrée fausse, absurde & contradictoire avec les

autres opinions de cet illuſtre Phyſicien.
Voici comment s'explique maintenant
M. de Haller: « Aliam cauſam majoris, quâ
» cor gaudet, ad irritationem mobilitatis,
» ſi quis proferret, auſcultabo facilis. Hanc
» pro hypotheſi affero pro eâ nollens con-
» tendere. Rejecit clar. Fontana.........» &
certes avec juſte raiſon. Mille expériences
avoient fait voir à notre Auteur que les
nerfs du cœur ne concouroient en rien à
maintenir le mouvement dans ce muſcle,
ni à l'exciter. Haller, après avoir admis ces
expériences, comme vraies, écrit : « In ill.
» Fontana experimentis, octavus nervus,
» medulla ſpinalis , & cerebrum ſtimulo
» ſuo motum cordis neque accelerant,
» neque ſuſcitant quando conquievit ».
Pag. 380.

Enfin, l'illuſtre Haller, après avoir bien
examiné les diverſes expériences que différens Auteurs ont publiées ſur cette matiere,
conclud ainſi : « Quare puto libratis con-
» trariis experimentis me iis, quæ ipſe vidi,
» quæ ſummi in experiendo viri conſtan-
» ter viderunt omninò adſenſum debere,
» cor nempè ab aliis muſculis hactenùs
» diſſidere, quod nervorum vis in ejus motu

» producendo non ea fit, quæ experi-
» mento poffit demonftrari, poffe ad in-
» tegritatem cordis, ad vim fibrarum fuf-
» tentandam nervorum aliquam effe poten-
» tiam ». Pag. 392.

Comment M. de Haller peut-il donc avancer fon hypothefe des nerfs décou-verts, qui, frappés plus fortement par le fang, rendent ce mufcle plus irritable?

Parmi les argumens que notre Auteur a apportés en preuve, que les nerfs ne con-courent en aucune maniere à la contraction du cœur, il en eft un qui parut très-con-cluant à M. de Haller lui-même; car il s'explique ainfi à la page 392 : « Supereft
» aliud dignum ingenio F. Fontana expe-
» rimentum. Vidimus in experimento ven-
» triculum dextrum ante finiftrum quief-
» cere fi prior evacuetur, finiftrum ante
» dextrum, fi ut vulgò fit prior inanis fue-
» rit. Sed iidem nervi utrumque ventricu-
» lum adeunt. Quiefcit ergo alter fubftracto
» ftimulo, etfi nervi vis preftò eft dùm alter
» pergit operari ; ergo iidem (nervi) &
» motum producunt & nullum produ-
» cunt ».

Qu'on ne m'oppofe pas qu'à la page 3

de la préface de son Tome second, Haller n'ose pas nier absolument, que les nerfs aient quelque influence dans le mouvement du cœur, qui, de son aveu, est un muscle comme les autres : « Magni ponderis porrò
» est inquirere (dit-il) quæ sit scaturigo
» vis ejus motricis adeò pertinaciter in
» corde conspicuæ. Nempè quæritur nùm
» à nervis sit, aut solis, aut certè adjuto-
» ribus. His libratis, & prioribus argu-
» mentis, & novis, confirmo per experi-
» menta, nullas quidem partes nervorum
» in corde motus adparare ; non tamen ideò
» continuò nullas esse dixerim, cùm cor
» musculus sit, & nervos accipiat. Id verum
» manet exiguas esse, quòd illa vis adven-
» titia nervorum adeò exiguam portionem
» efficiat conspicui motûs cordis, ut eo au-
» xilio natura ad cor contrahendum mi-
» nimè egeat, atque in experimento absque
» nervorum auxilio, perindè munere suo
» defungatur. » La prévention & la maniere ordinaire de juger ont tant de pouvoir, même chez les plus grands hommes, que les expériences les plus directes ne suffisent pas pour déraciner les opinions reçues dès l'enfance. Haller n'ose pas exclure les nerfs

comme inſtrumens du mouvement dans le cœur, parce que le cœur eſt un muſcle qui reçoit des nerfs ; mais il a dit un peu plus haut, que les nerfs du cœur pouvoient très-bien avoir d'autres uſages dans ce muſcle, ſans avoir celui de le mouvoir ; & comme s'il eût voulu ſe contredire de la maniere la plus complette, il a dit auſſi, comme on l'a vu, que la nature n'a pas beſoin de nerfs pour contracter le cœur, & que ce muſcle fait ſes fonctions accoutumées ſans leur ſecours. Mais comment pourra-t-on jamais accorder que la nature n'a pas beſoin des nerfs pour contracter le cœur, tandis que ce muſcle n'eſt, ſelon M. de Haller, le plus irritable de tous les autres muſcles qu'à raiſon des nerfs qu'il reçoit ? Et comment pourra-t-on dire qu'il fait ſes fonctions accoutumées ſans avoir beſoin des nerfs, ſi une de ſes propriétés qui le diſtingue de tous les autres, eſt préciſément d'être le plus irritable, ſuivant l'hypotheſe de M. de Haller ?

Après que notre Auteur eut démontré la fauſſeté de l'hypotheſe de M. de Haller ſur la cauſe de la plus grande irritabilité du cœur, il voulut commencer ſes recherches par s'aſſurer ſi vraiment le phénomene étoit réel ; & après avoir fait un très-grand nombre d'expériences, il a cru pouvoir conclure que le cœur n'est pas plus irritable que les autres muscles. Il a démontré qu'on avoit abusé du mot *irritabilité*; qu'on avoit confondu le plus irritable avec le plus irrité ; que les muscles se meuvent plus ou moins longuement, selon que les circonstances sont plus ou moins favorables, & qu'il falloit faire de nouvelles expériences plus simples, plus décisives pour déterminer quelles sont les parties le plus ou le moins irritables. Ce que je crois pouvoir dire avec assurance, après avoir répété beaucoup d'expériences de notre Auteur, c'est que dans les animaux à sang chaud, & spécialement dans les adultes le cœur est bien éloigné d'être le muscle le plus irritable, en prenant même le mot irritabilité dans le sens de M. de Haller ; & cela suffit pour qu'on ne regarde pas cette propriété comme particuliere au cœur, & pour qu'on ne doive pas supposer une structure particuliere pour expliquer un phénomene imaginaire.

Le célebre Haller après avoir dit, comme nous l'avons vu ci-dessus, que notre Auteur avoit rejetté son hypothese des nerfs plus

découverts; a écrit, pag. 439 : « Loco hujus
» conjecturæ aliam affert Cl. Fontana :
» sufficere putat quod cor diù moveatur,
» ut porrò faciliùs motum continuet ; mihi
» contrà musculum qui diù operatur enor-
» miter fatigari atque motui pro dolore
» ineptum fieri videtur, quod in rectis &
» vastis expertus sum, cum biduo continuo
» in cuniculos subterraneos descendissem ».

Je ne pouvois me persuader, quelque
respectable que fût l'autorité du Philosophe
Suisse, que notre Auteur eût substitué à l'hypothese de Haller une autre hypothese qui,
si elle n'est pas aussi absurde que la premiere,
présente du moins à l'esprit quelque chose
de ridicule & de puéril : comme de dire que
le cœur se meut plus facilement parce qu'il
se meut plus longuement.

Je ne pouvois comprendre comment
notre Auteur, qui avoit nié que le cœur
fût, ainsi qu'on le prétendoit, plus irritable
que les autres muscles, vouloit ensuite en
donner une explication, c'est-à-dire, chercher à prouver ce qui n'étoit point. Mais
je fus bien plus surpris, lorsqu'après avoir
lu les expériences & les raisons qu'apporte
notre Auteur contre l'excès d'irritabilité du

cœur, je vis qu'il s'exprimoit ainſi, pag. 58 :
« Il ne paroît donc pas que le cœur ſoit
» un muſcle plus irritable que les autres ,
» mais il eſt ſeulement un des plus irrités,
» c'eſt-à-dire, des plus long-tems ſtimulés ;
» & s'il ſe meut quelquefois lors même que
» les autres muſcles ont ceſſé de ſe mou-
» voir, ce n'eſt que parce qu'il y a un *ſti-*
» *mulus* extérieur accidentel à la fibre, qui
» eſt le ſang contenu dans les ventricules.
» D'où il ne faut pas s'étonner ſi l'on a mal
» expliqué un phénomene qui n'exiſte pas,
» & ſi toutes les hypotheſes imaginées par
» tant d'habiles Anatomiſtes & Phyſiciens
» ſe ſont trouvées vaines & trompeuſes ;
» ils expliquoient l'erreur, pouvoient - ils
» l'expliquer bien ? »

Il eſt donc évident que notre Auteur ne
peut avoir jamais expliqué un phénomene
qu'il ne croyoit point vrai, ayant ſur-tout
employé tant d'expériences pour démontrer qu'il n'avoit aucune réalité.

En effet M. Fontana commence ainſi le
5ᵉ. chap. « Nous avons démontré juſqu'ici
» que le cœur n'eſt pas plus irritable que
» les autres muſcles, & qu'il l'eſt peut-être
» beaucoup moins que bien d'autres. Mais

» on ne conçoit pas pour cela comment il
» peut se mouvoir pendant tant d'années
» sans se reposer jamais, sans que l'animal
» en souffre aucune incommodité, aucune
» douleur. Et cependant nous voyons tous
» les jours qu'un muscle ne peut se mou-
» voir long-tems sans devenir douloureux,
» & qu'alors il n'obéit plus à la volonté de
» l'animal qui voudroit s'en servir au be-
» soin. »

Avant de répondre à cette difficulté, notre Auteur commence par examiner les diverses circonstances dans lesquelles les muscles souffrent plus ou moins, ou point du tout, lorsqu'ils se contractent. Il trouve que le cœur même est sujet à ces circonstances accidentelles, & qu'il peut aussi souffrir plus ou moins. Il fait voir que l'animal parvient peu-à-peu à exécuter sans relâche & sans peine certains mouvemens, qui dans le principe étoient douloureux. Il prouve tout cela par le fait & par l'expérience.

Mais on dira que le Philosophe Suisse cite la page 161 de la Physique animale, & que c'est delà qu'il prétend tirer l'opinion de notre Auteur. Voyons donc comment il s'explique a la page 161, §. 61 : » Il reste à

» voir pourquoi le cœur ne se lasse jamais de
» se mouvoir, tandis que les autres muscles,
» après un certain espace de tems assez
» court, ne peuvent plus se contracter ou
» se contractent très-difficilement, à cause
» de la douleur qu'ils occasionnent. Mais
» cette qualité même n'est pas tellement
» propre au cœur, qu'elle ne le soit aussi
» à beaucoup d'autres muscles. Le dia-
» phragme, les intestins se meuvent sans
» cesse, & ne se lassent pas pour cela. Il
» paroît que c'est une loi animale qu'un
» muscle ne puisse jamais se lasser, quand
» sa contraction n'est pas trop grande ou se
» fait sans douleur, & quand à peine revenu
» à son état naturel de relâchement, il est
» capable de sentir les stimulans, comme il
» l'étoit le moment d'auparavant. Si aussi-
» tôt qu'il est relâché il acquiert le même
» degré d'irritabilité qu'il avoit avant de se
» contracter, il se contractera avec la même
» facilité, le muscle étant dans les mêmes
» circonstances. Cette facilité de se con-
» tracter paroît être commune à tous les
» muscles du corps animal ; car on observe
» que tous les muscles, quand ils sont exer-
» cés & mûs pendant long-tems, acquie-

» rent peu-à-peu cette difpofition par la-
» quelle ils fe meuvent dans la fuite fans
» douleur. »

Après avoir déterminé dans quelles circonftances & par quelles caufes le mufcle
peut devenir douloureux & fe laffer, notre
Auteur démontre qu'elles n'ont point lieu
dans le cœur. Enfin après avoir rapporté
plufieurs exemples pour démontrer que le
cœur n'eft pas un mufcle privilégié, & pour
lequel on doive fuppofer une organifation
particuliere, il conclud ainfi : « Le cœur
» peut donc continuer à fe mouvoir pen-
» dant tant & tant d'années fans jamais fe
» laffer, parce que fes contractions font
» momentanées & naturelles, & ne font
» point longues & violentes. Le dia-
» phragme, les inteftins, les mufcles des
» yeux, en un mot, tous les mufcles qui
» fe font exercés pendant long-tems ou ne
» fe laffent jamais, ou fe laffent très-peu.
» Les joueurs d'inftrumens le favent. Le
» cœur ne jouit par conféquent d'aucune
» prérogative tellement propre à lui feul,
» qu'elle ne foit commune encore aux au-
» tres mufcles. Il reffemble entierement au
» diaphragme & aux inteftins, qui jamais

» ne fe laſſent, jamais ne ſont douloureux,
» & ne ceſſent cependant pas de ſe mou-
» voir. »

Le célebre Haller, en voulant réfuter notre Auteur, paroît avoir ici confondu toutes choſes, & n'avoir pas ſenti la force des argumens irréſiſtibles qui ont été employés contre les ſuppoſitions, que le cœur eſt plus irritable que les autres muſcles, & qu'il a pour ſes mouvemens des prérogatives qui le diſtinguent : ſuppoſitions imaginaires que nie abſolument notre Auteur.

Le même Haller forcé de reconnoître à la fin, que le cœur n'eſt pas un muſcle tout-à-fait privilégié, voudroit établir malgré cela que ſes propriétés ne peuvent être confondues avec celles du diaphragme. Voici comment il s'explique : « Diaphragmatis
» privilegium ad cordis privilegium pro-
» ximè accedit, multò tamen lentiùs &
» quadruplò largioribus intervallis agit, &
» certis in occaſionibus quieſcit, ut in gra-
» viditate, & universùm in fœminis quæ
» pectore magis reſpirant. Denique dia-
» phragma ſoli claſſi animalium quadru-
» pedi datum, non poteſt cum corde com-
» parari, quod in animalibus vegetum adſit,

» quibus nullum, aut immotum membra-
» naceum septum sit, quale in avibus est
» & in piscibus. » Pag. 437.

Ainsi donc, parce que le mouvement du diaphragme est quatre fois moins rapide que celui du cœur, il faudra supposer une structure toute particuliere dans celui-ci, & non dans le premier.

J'ai toujours cru que la quatrieme partie d'un même effet supposoit une quatrieme partie de cause ou d'organisation, & rien autre. Notre Auteur a prouvé que le mouvement du cœur des écureuils est dix fois plus rapide que celui du cœur de l'homme, ce qui est bien plus que des quatre fois dont parle M. de Haller.

Il faudra donc supposer dans le cœur des écureuils une cause toute différente, une organisation entierement diverse que dans le cœur de l'homme, & il y auroit autant de différens principes de structure de parties qu'il y a d'especes diverses d'animaux, puisque le cœur bat si différemment dans tous. On ajoute que le diaphragme est tranquille dans la grossesse, & généralement dans les femmes. Mais ne suffit-il pas que le diaphragme se meuve dans les hommes,

pour

pour qu'on ne doive pas regarder le cœur comme seul privilégié? Et ne suffit-il pas que la nature ait donné un diaphragme à la grande classe des animaux quadrupedes, pour qu'il puisse aller de pair avec le cœur? Que si le diaphragme est tranquille pendant plusieurs mois dans la grossesse, & généralement dans les femmes, les muscles inter-costaux doivent alors se mouvoir à sa place. Y aura-t-il aussi dans ces muscles une structure ou une distribution de nerfs particuliere pour que ces mouvemens s'exécutent sans douleur & sans lassitude? Je ne connois pas de preuve plus complette en faveur de notre Auteur, je n'en vois pas qui démontre mieux comment les muscles peuvent se mouvoir long-tems sans douleur, que la difficulté même proposée ci-dessus par Haller; & je ne saurois concevoir comment il n'en a pas senti toute la force. Mais que ne peut, même dans les grands hommes, la prévention pour les hypotheses & pour les erreurs qui leur sont propres!

Le diaphragme jouit donc des mêmes prérogatives que le cœur, dans la durée des mouvemens & dans la propriété de ne se lasser ni ne devenir douloureux. Je ne crois

R

pas qu'on veuille dire que le diaphragme a les nerfs difposés comme le cœur, car on n'obferve rien de pareil, & ce mufcle n'eft pas mis en mouvement par une caufe externe, comme le cœur l'eft par le fang.

Notre Auteur n'a donc apporté aucune conjecture pour expliquer deux phénomenes qui n'ont jamais exifté, tels qu'ils ont été préfentés avant lui par les Écrivains ; mais il a démontré comment & pourquoi un mufcle peut fe mouvoir toujours fans douleur & fans laffitude.

On voit maintenant combien mal-à-propos l'illuftre Haller a objecté à notre Auteur la douleur qu'il avoit fentie aux mufcles *droits* & aux *vaftes*, pour s'être exercé pendant deux jours à defcendre dans des fouterrains profonds. Il paroît impoffible que ce grand Phyficien n'ait pas vu lui-même la foibleffe d'une pareille difficulté, & qu'en même-tems il n'ait pas fenti la force des raifons victorieufes de notre Auteur.

Quant à moi, je dois avouer ingénument que le grand Haller ne s'eft jamais montré moins grand que lorfqu'il a voulu s'écarter des opinions de M. Fontana. Non-feulement il s'eft mal défendu par-tout, comme

on a vu, mais il n'a fait autre chofe que mul-
tiplier les erreurs. Il feroit à defirer qu'elles
fuffent corrigées dans la continuation qu'on
a promife de fa grande Phyfiologie : Ouvrage d'ailleurs vraiment original, & digne
du dix-huitieme fiecle.

Permettez-moi de vous faire remarquer
encorè avant de finir cette Lettre, quelques
traits qui fe trouvent dans la *Phyfique animale* de M. Fontana, & qui fuffifent pour
démontrer l'importance de cet Ouvrage &
fa grande fupériorité fur tous les autres
Traités qui ont été écrits avant & après lui
fur l'irritabilité mufculaire. Le célebre Haller avoit mieux confidéré que tout autre
avant lui les phénomenes de la fibre mufculaire ; mais il n'a jamais pu démontrer
dans aucun de fes Ouvrages, que l'irritabilité foit une telle propriété du mufcle,
que les nerfs ne foient en aucune maniere
la caufe phyfique de la contraction de la
fibre charnue. Dans beaucoup d'endroits,
il fuppofe ce fait prouvé ; dans quelques
autres, il produit quelques raifons, mais fi
foibles en vérité, & fi peu concluantes, qu'il
ne peut perfuader perfonne ; enforte que
l'irritabilité n'étoit qu'un phénomene mieux

connu qu'auparavant ; mais comme propriété musculaire, ce n'étoit qu'une pure hypothese rejettée par un grand nombre de Physiciens & sur-tout par l'école Boërhavienne, qui expliquoit tout en admettant l'influx des esprits animaux dans les muscles. En effet il n'y a qu'à lire les fortes difficultés que le fameux Médecin Hollandois de Haen a proposées contre l'irritabilité Hallérienne, & les réponses indirectes & absurdes que les partisans de Haller y ont faites.

Notre Auteur dans sa *Physique animale*, a établi sur des argumens irrésistibles le principe de l'irritabilité musculaire, & a démontré qu'elle est entierement indépendante du nerf. Mais il restoit encore à répondre aux difficultés victorieuses de M. de Haen, & à déterminer les loix qu'observe la fibre musculaire dans les animaux.

M. Fontana s'étant ouvert une nouvelle carriere inconnue aux Observateurs qui l'avoient précédé, a su découvrir ces loix, & en a fixé la nature & les caracteres ; il a réuni mille phénomenes pour les rendre certaines & générales, & enfin il en a fait des applications neuves & heureuses aux

phénomenes les plus obfcurs de l'économie animale, qu'on n'avoit pu expliquer
avant lui, ou dont on n'avoit donné que
de fauffes théories.

La grande difficulté de M. de Haen contre
l'irritabilité Hallérienne, étoit que le cœur
fe relâche quoique le *ftimulus* continue
d'agir fur lui. Notre Auteur la généralife
& la rend encore plus forte, en remarquant
qu'on peut encore augmenter tant qu'on
veut le *ftimulus* contre le cœur, fans qu'on
puiffe empêcher pour cela fon relâchement.
Il examine les diverfes réponfes qu'ont
données les Hallériens & Haller lui-même,
& il trouve qu'elles font fauffes, abfurdes
& inconcluantes.

M. Fontana explique après tout cela pourquoi le cœur & les autres mufcles doivent
fe relâcher, lors même qu'ils continuent
d'être ftimulés ; & faifant ufage des nouvelles loix de l'irritabilité mufculaire qu'il
a découvertes, il en donne une démonf-
tration complette & de la derniere évidence.

Combien d'erreurs n'auroit pas évité dans
fa nouvelle Phyfiologie M. de Haller, s'il
eût fu employer à propos ou s'il eût mieux

connu les loix de l'*irritabilité* que notre Auteur a découvertes ? Je dis s'il eût mieux connu ces loix, parce qu'à la page 407, il n'auroit pas cité l'autorité de l'illustre M. Caldani conjointement avec celle de notre Auteur, pour prouver que la contraction même du muscle est un principe de destruction de l'irritabilité dans le muscle même, & il n'auroit pas dit non plus, qu'un seul *stimulus* appliqué au cœur peut exciter non pas une seule, mais plusieurs contractions dans ce muscle. Quand M. Caldani, conjointement avec notre Auteur, publia à Bologne ses Dissertations sur la *sensibilité & l'irritabilité Hallérienne*, ni lui ni M. Fontana ne savoient encore rien des loix qui furent découvertes plusieurs années après par notre Auteur seul, en Toscane où il se trouvoit alors. Il doit m'être permis de dire à ce sujet, que si M. de Haller eût mieux examiné les expériences & les raisons qui servent à établir la première des loix de l'irritabilité musculaire qu'a trouvées M. Fontana, il auroit vu qu'à un seul *stimulus* ou choc qu'éprouve un muscle, il ne peut correspondre qu'une seule contraction, & jamais davantage, ainsi qu'il veut le croire.

Daigne donc souffrir paisiblement, Esprit immortel du grand Haller ! que je finisse cette Lettre en me servant des propres expressions du savant Éditeur de la *Physique animale* : « Quiconque lira (dit-il) cet Ou-
» vrage sans esprit de parti, pourvu qu'il ait
» les connoissances & les lumieres qu'il faut
» pour le bien concevoir, reconnoîtra sur-
» le-champ que l'irritabilité n'est plus une
» hypothese vague & incertaine, comme
» elle l'étoit auparavant ; mais que c'est une
» vérité démontrée, & que les loix fixées
» par notre Auteur sont autant de sources
» inépuisables pour l'intelligence des mou-
» vemens les plus obscurs de l'animal.

» Il falloit démontrer que le fluide ner-
» veux n'étoit pas la cause efficiente du
» mouvement musculaire ; il falloit décou-
» vrir les loix de cette nouvelle propriété
» de la fibre. L'Auteur a fait l'un & l'autre
» dans cet Ouvrage. Le premier point
» nous assure de la vérité du principe,
» & le second de sa fécondité. L'un
» sans l'autre auroit été un pas vers la
» vérité, mais ce pas eût été stérile &
» borné. Ç'auroit été comme la *gravité*
» avant Galilée, l'*attraction* avant Newton.

» Il ne fuffit pas de favoir qu'il exifte un
» principe actif dans la nature, il faut con-
» noître fes propriétés, & les loix qu'il
» obferve, pour l'appliquer avec certitude
» aux phénomenes. On favoit dès le tems
» d'Ariftote que la lumiere fe réfractoit
» en paffant à travers l'eau ; mais c'eft aux
» *loix* qu'elle obferve en fe réfractant, que
» nous devons l'optique de Newton, &
» les lunettes de Dollond (1). »

____

(1) Recherches fur la Phyfique animale, pag. 8 & 9.

F I N.